BIBLIOTHÈQUE DU MARIN

# ÉLÉMENTS DE NAVIGATION ET DE CALCUL NAUTIQUE

PRÉCÉDÉS DE

## NOTIONS D'ASTRONOMIE

PAR

J.-B. GUILHAUMON

ANCIEN OFFICIER DE VAISSEAU, PROFESSEUR D'HYDROGRAPHIE

**DEUXIÈME PARTIE : TYPES DE CALCULS NAUTIQUES**

BERGER-LEVRAULT ET C$^{ie}$, LIBRAIRES-ÉDITEURS

PARIS
5, RUE DES BEAUX-ARTS

NANCY
18, RUE DES GLACIS

1891

BERGER-LEVRAULT ET Cie, ÉDITEURS DE L'*ANNUAIRE DE LA MARINE*

**Paris, 5, rue des Beaux-Arts. — Même Maison à Nancy.**

# *Extrait du Catalogue*

L'ACTION DE DÉFORMATION DU CHOC, comparée à celle d'un effort continu, par M. MARCHAL, ingénieur de la marine. 1882. Gr. in-8°, avec 1 pl., broché . . . . . . . . . . . . . . . . . . 2 fr.

L'AMIRAL DU CASSE, chevalier de la Toison d'or (1646-1715). *Étude sur la France maritime et coloniale* (règne de Louis XIV), par le Bon Robert DU CASSE, attaché au ministère des affaires étrangères. 1876. Un volume in-8°, broché . . . 6 fr.

L'ANGLETERRE DANS LA MÉDITERRANÉE, par L. FIESSINGER, capitaine de frégate. 1885. Grand in-8°, broché. . . . . . . . . . . . . . . 75 c.

L'ANNÉE MARITIME. Revue des événements et répertoire statistique annuel des faits qui se sont accomplis dans la marine française et les marines étrangères. Deuxième année, 1877. Un volume in-12, broché . . . . . . . . 3 fr. 50 c.

ANNUAIRE DE LA MARINE pour l'année 1891. Un vol. de 1000 p. in-8°, broché. . . . . . . . 6 fr.
Relié en percaline . . . . . . . . . . 7 fr. 50 c.

ANNUAIRE DE LA PRESSE COLONIALE POUR 1891, par Henri MAGER. 1 vol. in-12, avec une carte de la Martinique, percaline souple. 2 fr. 50 c.

APERÇU SUR L'HISTOIRE DE LA MÉDECINE AU JAPON, par Léon ARDOUIN, médecin de 1re classe de la marine. 1884. Gr. in-8°, broché. . . 2 fr.

L'ARCHIPEL DES ILES MARQUISES, par M. EYRIAUD DE VERGNES, lieutenant de vaisseau. 1877. In-8°, broché . . . . . . . . . . . . . . . . 2 fr. 50 c.

LES ARMEMENTS MARITIMES EN EUROPE, par Maurice LEROI, officier de marine en retraite. 1889. Volume in-12, broché . . . . . 3 fr. 50 c.

LES ARSENAUX DE LA MARINE. I. Organisation administrative, par M. GOUGEARD, ministre de la marine. 1882. Grand in-8°, broché. 3 fr. 50 c.
— 2e partie. Organisation économique, industrielle et militaire. 1882. Gr. in-8°, br. 7 fr. 50 c.

A TERRE ET A BORD. Notes d'un marin, deuxième série, par Th. AUBE. Avec une préface de Gabriel CHARMES. (Italie et Levant. Pénétration de l'Afrique centrale. La guerre maritime et les ports militaires de la France. Notes sur le Centre-Amérique. Nouveau droit maritime international.) 1884. 1 vol. in-12, broché. . . 3 fr.

BIOGRAPHIES ET RÉCITS MARITIMES. Voyages et combats, par Eugène FABRE, sous-directeur au ministère de la marine et des colonies. 1re série : Une famille de marins, les Bouvet. 1885. Volume in-8°, titre rouge et noir, avec portrait, br. 6 fr.
— 2e série : Le Contre-amiral Bouvet. — Nos corsaires. 1886. Avec 2 portraits. . 7 fr. 50 c.

LES BUDGETS MARITIMES DE LA FRANCE ET DE L'ANGLETERRE (*Études de statistique*), par P. DISLÈRE, ingénieur des constructions navales. 1879. Brochure grand in-8°. . . . . . . . . 3 fr.

LA CAISSE DES INVALIDES DE LA MARINE. Sa suppression, par M. GOUGEARD, ministre de la marine. 1882. Grand in-8°, broché. 1 fr. 50 c.

LE CALCUL GÉOMÉTRIQUE, par E. A. MALCOR. 2 parties. 1883-1885. Gr. in-8°, broché. 4 fr. 50 c.

CALCULS DES PROPULSEURS HÉLICOÏDAUX, par Charles ANTOINE, ingénieur de la marine. 1880. 2 parties in-8°, broché. . . . . . . . . . . . . 2 fr.

LE CANAL INTEROCÉANIQUE ET LES EXPLORATIONS DANS L'ISTHME AMÉRICAIN. Conférence faite à la Société de géographie commerciale, par A. RECLUS, lieutenant de vaisseau. 1879. Grand in-8°, avec carte ; broché . . . . . . . . . . 1 fr.

CARNET DE L'OFFICIER DE MARINE POUR 1891. Recueil de renseignements à l'usage des officiers de la marine militaire et de la marine du commerce, suivi d'une liste du personnel mise à jour, par Léon RENARD, anc. biblioth. du dépôt des cartes et plans et du ministère de la marine et des colonies, ancien sous-directeur au ministère. 18e année. Un vol. in-18, de 508 pages, relié en percale. . . . . . . . . . . . 3 fr. 50 c.
Les 12 premières années, chacune. 3 fr. 50 c.

CHINE ET JAPON. Notes politiques, commerciales, maritimes et militaires, par Alfred HOUETTE, enseigne de vaisseau. 1880. Gr. in-8°, br. . 3 fr.

LE CINÉMOMÈTRE, NOUVEAU SYSTÈME D'INDICATEUR DE VITESSE SANS EMPLOI DE LA FORCE CENTRIFUGE, par E. JACQUEMIER, lieutenant de vaisseau. 1878. Grand in-8°, broché. . . . . 1 fr.

LES CINQUANTE PAS DU ROI DANS LES COLONIES FRANÇAISES, par M. RONDON, commissaire de la marine. 1876. Grand in-8°, broché. . . . . 1 fr.

CODE DES OFFICIERS DU CORPS DE SANTÉ DE LA MARINE, par le Dr Ph. AUDE, médecin principal de la marine. 1877. Un fort vol. in-8°, br. 15 fr.

CODE PÉNAL DE LA MARINE MARCHANDE. Manuel à l'usage de MM. les commandants des bâtiments de l'État, consuls et vice-consuls de France, commissaires de l'Inscription maritime, capitaines, maîtres ou patrons des bâtiments du commerce, etc., par Paul VINSON, sous-commissaire de la marine. 2e édition, augmentée et mise à jour. 1890. Vol. in-12, broché . . . . . . . 2 fr.

LES COLONIES FRANÇAISES A L'EXPOSITION UNIVERSELLE DE 1878. Rapport de la commission coloniale. 1880. Gr. in-8°, broché . . . . . 1 fr.

COMMENTAIRE DE LA LOI DU 10 DÉCEMBRE 1874 SUR L'HYPOTHÈQUE MARITIME, par A. AUGIER, aide-commissaire. 1879. Broch. gr. in-8°. 1 fr. 25 c.

LE COMMERCE FRANÇAIS EN ORIENT : LA SERBIE ÉCONOMIQUE ET COMMERCIALE, par René MILLET, ancien ministre de France en Serbie, avec le concours du Mis de Torcy. 1889. Vol. in-8°, avec 2 cartes, broché . . . . . . . . 5 fr.

CONSIDÉRATIONS SUR LA RÉGULATION DES MACHINES A VAPEUR, par M. LEFORT, capitaine de vaisseau. 1876. Brochure grand in-8°. 75 c.

LA CORÉE. Géographie, organisation sociale, mœurs et coutumes, ports ouverts au commerce japonais, les traités, par G. BAUDENS, lieut. de vaiss. 1884. Gr. in-8°, avec 8 vign. . 1 fr. 50 c.

COUP D'ŒIL SUR LA PISCICULTURE ET SES PROCÉDÉS, par H. BOUT. 1880. Brochure gr. in-8°. . 75 c.

COURS SPÉCIAL SUR LE MATÉRIEL DE CÔTE, à l'usage des cadres de l'artillerie de la marine, par A. DELAISSEY, colonel d'artillerie de marine. 1890. Vol. in-12, avec 73 figures, broché . 2 fr.

DÉLIMITATION DE LA MER A L'EMBOUCHURE DE LA SEINE. 1882. Gr. in-8°, avec 1 carte. . . . 3 fr.

LE DESTRUCTEUR ET LE CANON SOUS-MARIN ERICSSON, leur usage dans la guerre navale, leurs avantages, et histoire sommaire de l'artillerie sous-marine, par William H. JAQUES, lieutenant de la marine des États-Unis. Traduit de l'anglais, avec l'autorisation de l'auteur, par le capitaine B. 1887. In-8°, broché. . . . . . 3 fr.

DÉTERMINATION DU POINT PAR LES HAUTEURS CIRCUMZÉNITHALES. Note sur l'horizon à mercure à cuvette amalgamée, par E. PERRIN, lieutenant de vaisseau. 1884. Grand in-8° . . . 1 fr. 50 c.

DEUX EXPÉRIENCES faites à bord de la *Loire* pendant un voyage en Nouvelle-Calédonie (1874-1875), par A. MOTTEZ, capit. de frégate. In-8°, br. 1 fr.

DÉVELOPPEMENTS DE GÉOMÉTRIE DU NAVIRE, avec applications aux calculs de stabilité des navires, par E. GUYOU et G. SIMART, lieut. de vaiss. 1889. In-4° avec 10 fig. et tableaux, br. 4 fr.

DICTIONNAIRE DES MARINES ÉTRANGÈRES (cuirassés, croiseurs, avisos rapid.), par P. DUPRÉ, lieut. de vaiss. 1882. Un vol. gr. in-8°, av. 155 fig. 6 fr.

DIMENSIONS DES UNITÉS ÉLECTRIQUES en fonction des unités fondamentales (centimètre, gramme, seconde), par R. MALAPERT, lieutenant de vaisseau. 1882. Gr. in-8°. . . . . . . . . 2 fr. 50 c.

LE DROMOSCOPE D'OURAGAN, par Alfred GUTH, ens. de vaiss. 1881. Gr. in-8°, av. 7 fig., br. . 75 c.

DE LA DYNAMOMÉTRIE ET DE LA SPIROMÉTRIE appliquées au recrutement des équipages, par le Dr H. REY, médecin de 1re classe de la marine. 1875. In-8°, broché. . . . . . . . . . 1 fr.

ÉLECTRICITÉ EXPÉRIMENTALE ET PRATIQUE. Cours professé à l'École des torpilleurs, par H. LEBLOND, agrégé des sciences physiques. (Bibliothèque du marin.) 4 volumes in-8° avec figures et planches, brochés.
Tome I : *Études générales des phénomènes électriques et des lois qui les règlent*. 1889. 6 fr.
Tome II : *Mesures électriques*. 1889. . . . . 6 fr.
Tome III : *Applications de l'électricité à bord des navires*. 1er fascicule. 1890. . . . . . . . 6 fr.
— — 2e fascicule, *idem*. 1891. . . . . . . 8 fr.

ÉLÉMENTS DE MÉTÉOROLOGIE NAUTIQUE, par J. DE SUGNY, lieut. de vaisseau, membre de la Société météorologique de France. (Bibliothèque du marin.) 1890. Vol. in-8° de 488 p., av. 57 fig., br. 6 fr.

ÉLÉMENTS DE TACTIQUE NAVALE, par M. le vice-amiral PENHOAT. 1879. Un vol. grand in-8°, avec 29 figures ; broché. . . . . . . . . . 2 fr. 50 c.

ENCORE LA QUESTION DU DÉCUIRASSEMENT, par le vice-amiral V. TOUCHARD. 1876. Brochure grand in-8°. . . . . . . . . . . . . . . . . . . 1 fr.

ENTRE DEUX CAMPAGNES. Notes d'un marin, par Th. AUBE, officier de marine. (Au Sénégal. En Océanie.) 1881. 1 vol. in-12, broché . . . 3 fr.

L'ESCADRE DE L'AMIRAL COURBET. Notes et souvenirs, par Maurice LOIR, lieutenant de vaisseau à bord de la *Triomphante*. 1885. Vol. in-12, avec portrait et 10 cartes, broché. . . . 3 fr. 50 c.

ESSAI HISTORIQUE SUR LA STRATÉGIE ET LA TACTIQUE DES FLOTTES MODERNES, par CHABAUD-ARNAULT, lieutenant de vaisseau. 1879. Grand in-8°, broché. . . . . . . . . . . . 1 fr. 25 c.

ESSAI D'UN LEXIQUE GÉOGRAPHIQUE, par J. V. BARBIER, secrétaire général de la Société de géographie de l'Est. 1886. In-8°, avec 1 tableau de phonétique comparée. . . . . . . . . . 2 fr.

ESSAI DE MÉTÉOROLOGIE. Les Courants électriques et la prévision du temps, par BAUDENS, lieutenant de vaisseau. 1880. Gr. in-8°, br. 1 fr. 75 c.

SUR L'ÉTABLISSEMENT DES TABLES DE TIR MODÈLE 1870 et sur la formule des durées de trajet $T = N\sqrt{\gamma/g}$, par BEAUVOIR, lieutenant de vaisseau. 1878. Grand in-8°, broché. 2 fr. 50 c.

LES ÉTABLISSEMENTS SCIENTIFIQUES DE L'ANCIENNE MARINE : I. *Écoles d'hydrographie, ingénieurs de la marine au dix-septième siècle*, par M. Didier NEUVILLE, archiviste-paléographe. Grand in-8° . . . . . . . . . . . . . . . 3 fr.

ÉTUDE SUR L'ARTILLERIE NAVALE, par A. BIENAIMÉ, lieut. de vaisseau. 1878. In-8°, br. . 2 fr.

ÉTUDE SUR LA COLONIE DE LA GUADELOUPE (topographie médicale, climatologie, démographie), par le Dr REY, médecin principal de la marine. 1878. Grand in-8°, broché. . . . . 1 fr. 50 c.

ÉTUDE SUR LA COLONIE DE LA MARTINIQUE. Topographie, météorologie, pathologie, anthropologie, démographie, par le Dr H. REY, médecin principal de la marine. 1881. Gr. in-8°, br. 3 fr.

ÉTUDE SUR LES COMBATS LIVRÉS SUR MER, de 1860 à 1880, par Étienne FARRET, lieut. de vaisseau. 1881. Gr. in-8°, avec 20 grav., br. 2 fr. 50 c.

ÉTUDE COMPARATIVE SUR LES COMPTABILITÉS-MATIÈRES DE LA GUERRE ET DE LA MARINE, par E. FABRE, chef de bureau au ministère de la marine et des colonies. 1882. Gr. in-8°. . 3 fr.

ÉTUDE SUR LES COUPS DE VENT, par Ch. ANTOINE, lieutenant de vaisseau. 1875. In-8°, br. . . 2 fr.

ÉTUDE SUR LE DROIT HINDOU. Du droit de punir, par GUILLET-DESGROIS, chef du service judiciaire des établissements français dans l'Inde. 1885. Grand in-8°, broché . . . . . . . 4 fr.

ÉTUDE SUR LES EFFETS DES EXPLOSIONS SOUS-MARINES, par J. M. S. AUDIC, lieutenant de vaisseau. 1877. Grand in-8°, broché. 1 fr. 50 c.

ÉTUDE SUR LA GUERRE NAVALE DE 1812 entre l'Angleterre et les États-Unis de l'Amérique du Nord, par Ch. CHABAUD-ARNAULT, capitaine de frégate. 1884. Gr. in-8° . . . . . . 2 fr. 50 c.

ÉTUDE SUR LA LÉGISLATION RÉGLEMENTANT LA COUPE ET LA RÉCOLTE DES HERBES MARINES, par Lucien AYRAULT, procureur de la République à Quimper. 1880. Gr. in-8°, broché. 2 fr. 50 c.

ÉTUDE SUR LE MATÉRIEL DE LA MARINE, par L. GADAUD, capitaine de frégate. 1882. Gr. in-8°. 1 fr. 50 c.

ÉTUDE SUR LA NATURALISATION EN ALGÉRIE, par E. ROUARD DE CARD, professeur à l'école de droit d'Alger. 1881. Grand in-8°, broché . 1 fr.

ÉTUDE SUR LES OPÉRATIONS COMBINÉES DES ARMÉES DE TERRE ET DE MER, par R. DEGOUY, lieutenant de vaisseau. Première partie. 1884. Gr. in-8°, avec 33 figures . . . . . . . . 4 fr.

ÉTUDE SUR LES OPÉRATIONS DE GUERRE MARITIME DE 1800 A 1883, par Étienne FARRET, lieutenant de vaisseau. 1884. Gr. in-8° . . . . . . . . 2 fr.

ÉTUDE SUR LES OURAGANS, par M. le vice-amiral Vte de FLEURIOT DE LANGLE. 1876. In-8°, avec 20 planches. . . . . . . . . . . . . . . . 5 fr.

ÉTUDE SUR LA TACTIQUE D'ABORDAGE, par J. DE LARMINAT, enseigne de vaisseau. 1881. Grand in-8°, avec 22 figures ; broché . . . 2 fr. 50 c.

# ÉLÉMENTS

DE

# NAVIGATION

ET DE

# CALCUL NAUTIQUE

NANCY, IMPRIMERIE BERGER-LEVRAULT ET Cie

# ÉLÉMENTS

DE

# NAVIGATION

ET DE

## CALCUL NAUTIQUE

PRÉCÉDÉS DE

## NOTIONS D'ASTRONOMIE



PAR

J.-B. GUILHAUMON

ANCIEN OFFICIER DE VAISSEAU, PROFESSEUR D'HYDROGRAPHIE

---

**DEUXIÈME PARTIE : TYPES DE CALCULS NAUTIQUES**

BERGER-LEVRAULT ET Cie, LIBRAIRES-ÉDITEURS

PARIS
5, RUE DES BEAUX-ARTS

NANCY
18, RUE DES GLACIS

1891

# AVERTISSEMENT

Ces *Types de calculs* forment le complément indispensable de nos *Éléments de navigation.*

Les nombres placés entre parenthèses indiquent les numéros des paragraphes du texte, dans lesquels on trouvera l'explication détaillée des opérations à effectuer. Nous donnons, en outre, en tête de ce recueil, un tableau des notations employées dans les divers calculs.

Ces notations sont celles qui ont été adoptées à l'École navale, au Cours des 1ers maîtres et dans les Écoles d'hydrographie. Toutefois, nous attirerons l'attention du lecteur sur les signes que nous avons attribués à la *marche diurne.*

Afin de rester d'accord avec les observatoires de la marine militaire[1] et de la marine du commerce, nous avons conservé les dénominations *Avance* et *Retard.* Comme conséquence, nous avons donné le signe + aux marches *Avance* et le signe — aux marches *Retard;* mais il ne faut attribuer, à ces signes, aucun sens algébrique. Le signe + remplace tout simplement le mot *Avance ;* il signifie que le chronomètre marche *plus* vite que le temps moyen et il ne doit entraîner aucune idée d'addition à l'état absolu (Retard). Le signe — remplace le mot *Retard;* il indique que le chronomètre marche *moins* vite que le temps moyen et il n'implique aucune idée de soustraction à ce même état absolu (Retard).

---

Comme nous faisons un usage assez fréquent des tables *auxiliaires* de Caillet, et qu'on ne les trouve pas dans les anciennes éditions des tables de logarithmes de cet auteur, nous avons reproduit, à la fin de ce recueil, les plus indispensables, mais en les modifiant sensiblement.

---

1. *Extrait du* JOURNAL DES CHRONOMÈTRES, *délivré à chaque bâtiment de guerre par les observatoires des ports militaires :* « L'emploi des signes algébriques + et — dont on affecte souvent les états absolus et les marches, sera évité avec soin dans les calculs; les expressions *avance* et *retard* sur le temps moyen, étant beaucoup plus familières, leur seront préférées et ne pourront donner lieu à aucune hésitation. De plus, le rapprochement de deux états consécutifs de la même montre indiquera d'une manière frappante quel est le sens des variations diurnes. »

# NOTATIONS EMPLOYÉES

| | |
|---|---|
| A . . . . . | Heure du chronomètre. |
| $a$ . . . . . | Marche diurne du chronomètre, *avance* ou +, quand le chronomètre marche *plus* vite que le temps moyen et que l'état absolu (Retard), Tmp — A, va en diminuant. |
| Æ$a$ . . . . | Ascension droite d'un astre. |
| Æ$m$ . . . . | Ascension droite du soleil moyen. |
| Æ$v$ . . . . | — — — vrai. |
| Æ ☾ . . . | — — de la lune. |
| A — M. . . | Comparaison ou retard du compteur sur le chronomètre. |
| $\alpha$ . . . . . | Changement en hauteur d'un astre pendant la minute qui précède ou qui suit son passage au méridien (coefficient des circumméridiennes). |
| $\beta$ . . . . . | Hauteur barométrique. |
| C . . . . . | Centième ou coefficient de marée pour le jour considéré. |
| D . . . . . | Déclinaison d'un astre. |
| $d$ . . . . . | Demi-diamètre central ou vrai. |
| $d'$ . . . . . | — en hauteur. |
| $dr$ . . . . . | — — réfracté. |
| d . . . . . | Différence logarithmique pour 15″ de colog cos $L_e$. |
| d′ . . . . . | Différence logarithmique pour 15″ de log cos S. |
| d″ . . . . . | Différence logarithmique pour 15″ de log sin (S — Hv). |
| DSa . . . . | Distance apparente de la lune à un astre. |
| DSi . . . . | — instrumentale — — |
| Dso . . . . | — observée — — |
| Dsv . . . . | — vraie — — |
| Dép . . . . | Dépression apparente. |
| $\Delta$ . . . . . | Distance polaire d'un astre. |
| $\delta$ . . . . . | Différence logarithmique pour 15″ de log $\sin\frac{P}{2}$. |
| $\Delta G'$. . . . | Correction à faire subir à la longitude G′ pour avoir G. |
| $\Delta G'_1$. . . . | Correction à faire subir à la longitude $G'_1$ pour avoir G. |
| $\Delta G'_2$. . . . | Correction à faire subir à la longitude $G'_2$ pour avoir G. |
| $\Delta G'_3$. . . . | Correction à faire subir à la longitude $G'_3$ pour avoir G. |
| $\Delta L'$. . . . | Correction à faire subir à la latitude L′ pour avoir L. |
| $\Delta L'_1$. . . . | Correction à faire subir à la latitude $L'_1$ pour avoir L. |
| $\Delta L'_2$. . . . | Correction à faire subir à la latitude $L'_2$ pour avoir L. |
| $\Delta L'_3$. . . . | Correction à faire subir à la latitude $L'_3$ pour avoir L. |
| G . . . . . | Longitude du point exact, Z. |
| G′. . . . . | Longitude du point déterminatif de la 1re droite de hauteur. |
| $G'_1$. . . . . | Longitude du point déterminatif de la 1re droite de hauteur, transporté. |
| $G'_2$. . . . . | Longitude du point déterminatif de la 2e droite de hauteur. |
| $G'_3$. . . . . | Longitude du point déterminatif de la 3e droite de hauteur. |
| $g$ . . . . . | Changement en longitude. |
| Ha . . . . | Hauteur apparente d'un astre, corrigée de la réfraction. |
| Har . . . . | Hauteur apparente d'un astre, réfractée. |
| He . . . . | Hauteur vraie d'un astre dans le lieu *estimé*. |
| Hi. . . . . | Hauteur instrumentale d'un astre. |
| Ho . . . . | — observée — |
| Hv . . . . | — vraie — |
| L . . . . . | Latitude du point exact, Z. |
| L′. . . . . | Latitude du point déterminatif de la 1re droite de hauteur. |
| $L'_1$. . . . . | Latitude du point déterminatif de la 1re droite de hauteur, transporté. |
| $L'_2$. . . . . | Latitude du point déterminatif de la 2e droite de hauteur. |
| $L'_3$. . . . . | Latitude du point déterminatif de la 3e droite de hauteur. |
| $L_e$. . . . . | Latitude estimée. |
| L$m$ . . . . | Latitude moyenne. |
| $l$ . . . . . | Changement en latitude. |
| M . . . . . | Heure du compteur. |
| $m$ . . . . . | Nombre de milles parcourus. |
| P . . . . . | Angle au pôle d'un astre. |
| $P_e$. . . . . | — — dans le lieu estimé. |
| P$l$. . . . . | — limite des circumméridiennes. |
| $p'_1$. . . . . | Variation de l'angle au pôle, exprimée en minutes de degré, pour une variation de + 1′ de la latitude, et correspondant à la 1re droite de hauteur. |
| $p^s_1$. . . . . | Même variation exprimée en secondes de temps. |
| $p'_2$. . . . . | Valeurs analogues pour la 2e droite de hauteur. |
| $p^s_2$. . . . . | (idem) |

| | |
|---|---|
| $p'_3$. . . . . $p''_3$. . . . . | Valeurs analogues pour la 3e droite de hauteur. |
| Π . . . . . | Parallaxe horizontale équatoriale d'un astre. |
| π . . . . . | Parallaxe horizontale pour le lieu de l'observation. |
| ϖ . . . . . | Parallaxe en hauteur. |
| R . . . . . | Réfraction astronomique à la température θ et à la pression barométrique β. |
| Rm . . . . | Réfraction moyenne. |
| S . . . . . | Somme de plusieurs arcs. |
| Tag . . . . | Temps d'un astre, dans un lieu de longitude G. |
| Tap . . . . | Temps d'un astre à Paris. |
| Tmg. . . . | Temps moyen, dans un lieu de longitude G. |
| Tmp. . . . | — à Paris. |
| Tmp — A. . | État absolu (Retard) du chronomètre. |
| Tsg . . . . | Temps sidéral dans un lieu de longitude G. |
| Tsp . . . . | Temps sidéral à Paris. |
| Tspo. . . . | Temps sidéral à $0^h$ moyenne de Paris ou ascension droite moyenne au même instant. |
| Tvg . . . . | Temps vrai, dans un lieu de longitude G. |
| Tvp . . . . | — à Paris. |
| T☾g . . . | Temps lunaire dans un lieu de longitude G. |
| T☾p . . . | — à Paris. |
| θ . . . . . | Hauteur du thermomètre. |
| U . . . . . | Unité de hauteur au point considéré. |
| V . . . . . | Angle de route vraie. |
| Zc. . . . . | Relèvement au compas. |
| Zv. . . . . | Azimut vrai. |
| $Z_1$. . . . . | Azimut vrai d'un astre à la 1re observation. |
| $Z_2$. . . . . | — — 2e — |
| $Z_3$. . . . . | — — 3e — |

## PRINCIPALES ABRÉVIATIONS

| | |
|---|---|
| appr. . . . | Approché (ée). |
| *C. des T.* . . | Connaissance des Temps. |
| col. . . . . | Colonne d'une table nautique. |
| contr. . . . | Contraire. |
| cor. . . . . | Correction. |
| Élév. . . . | Élévation. |
| N. S. E. O . | Nord, Sud, Est, Ouest. |
| pp. . . . . | Partie proportionnelle. |
| pr. . . . . | Pour. |
| ⊙. . . . . | Soleil. |
| ☾. . . . . | Lune. |
| ✻. . . . . | Étoile. |

## NOTATIONS EMPLOYÉES DANS LES CROQUIS

| | |
|---|---|
| DD' . . . . | Première droite de hauteur. |
| $D_1D'_1$. . . . | — — transportée. |
| $D_2D'_2$. . . . | Deuxième droite de hauteur. |
| $D_3D'_3$. . . . | Troisième — — |
| $Z_e$. . . . . | Point estimé ($L_e$, $G_e$). |
| Z'. . . . . | Point déterminatif de la 1re droite de hauteur (L', G'). |
| $Z'_1$. . . . . | Point déterminatif de la 1re droite, transporté ($L'_1$, $G'_1$). |
| $Z'_2$. . . . . | Point déterminatif de la 2e droite ($L'_2$, $G'_2$). |
| $Z'_3$. . . . . | — — — 3e — ($L'_3$, $G'_3$). |
| Z . . . . . | — observé courant, appelé aussi point exact (L, G). |

# FEUILLE I

## PROBLÈMES DE POINT ESTIMÉ

Formules principales :

$$l = m \cos V; \qquad e = m \sin V; \qquad e = l \operatorname{tg} V; \qquad g = \frac{e}{\cos Lm}; \qquad Lm = \frac{L_e + L'}{2} = L_e + \frac{l}{2}.$$

Route vraie = Route au compas + Déclinaison + Déviation + Dérive.
Route vraie = Route au compas + Variation + Dérive.

Feuille I.

## PROBLÈMES DE POINT ESTIMÉ

(183). **Premier problème.** — Le point de départ étant $L_e = 43°05'$ N., $G_e = 17°27'$ O., on a fait 135,2 milles au S. 25 O. du compas. Variation, 17 N.-O. ; dérive, 10° $T^d$.

*Déterminer le point d'arrivée.*

Variation = — 17° N.-O.
Dérive = + 10° $T^d$

Correction = — 7° N.-O.
Route compas = + S. 25° O.
Route vraie V = + S. 18° O.

| V | m | S. | O. |
|---|---|---|---|
| S. 18 O. | 135,2 | 128,6 | 41,8 |

avec { Lm angle de route / c = 41,8 colonne N.-S. } colonne milles $g = 56',4$

$L_e = 43°05'00''$ N. | $L_e = 43°05'00''$ N. | $G_e = 17°27'00''$ O.
$l = 2°08'36''$ S. | $\frac{l}{2} = 1°04'18''$ S. | $g = 56'24''$ O.
$L'_e = 40°56'24''$ N. | $Lm = 42°00'42''$ N. | $G'_e = 18°23'24''$ O.

Point d'arrivée. . . . { $L'_e = 40°56'24''$ N. / $G'_e = 18°23'24''$ O. }

---

(185). Point composé. — Le point de départ étant $L_e = 19°27'$ S., $G_e = 179°27'$ O., on a relevé, sur le journal de bord, les indications suivantes :

| ROUTES au compas. | DÉRIVES. | VARIATION. | MILLES. |
|---|---|---|---|
| S. 85 O. | 10° $T^d$ | 4 N.-E. | 13,4 |
| S. 13 E. | 5° $B^d$ | 21 N.-E. | 52,3 |
| N. 21 E. | 12° $B^d$ | 13 N.-O. | 37,2 |

On sait, en outre, que le navire se trouvait dans un courant qui a fait 32,7 milles, au S. 25 E. du monde.

*Déterminer le point d'arrivée.*

| ROUTES vraies. | MILLES. | N. | S. | E. | O. |
|---|---|---|---|---|---|
| N. 74 O. | 13,4 | 3,7 | | | 12,9 |
| S. 3 O. | 52,3 | | 52,2 | | 2,7 |
| N. 4 O. | 37,2 | 37,1 | | | 2,6 |
| Courant S. 25 E. | 32,7 | | 29,6 | 13,8 | |
| | | 40,8 | 81,8 | 13,8 | 18,2 |
| | | | 40,8 | | 13,8 |
| | | Chemin total au Sud | 41,0 | à l'Ouest | 4,4 |

avec { Lm angle de route / c = 4,4 col. N.-S. } $g = 4',7$

$L_e = 19°27'$ S. | $L_e = 19°27'$ S. | $G_e = 179°27'00''$ O.
$l = 41'$ S. | $\frac{l}{2} = 20'$ S. | $g = 4'42''$ O.
$L'_e = 20°08'$ S. | $Lm = 19°47'$ S. | $G'_e = 179°31'42''$ O.

Point d'arrivée. . . . { $L'_e = 20°08'$ S. / $G'_e = 179°31'42''$ O. }

**Feuille I.**

(**184**). **Deuxième problème.** — Étant parti d'une latitude $L_e = 51°27'$ S. et d'une longitude $G_e = 0°13'$ O., on veut arriver par une latitude $L = 53°49'$ S. et par une longitude $G = 1°57'$ E.

*Déterminer la route vraie à suivre et la distance à parcourir.*

$L_e = 51°27'$ S. — $G_e = 0°13'$ O.

$L = 53°49$ S. — $G = 1°57'$ E.

$l = 2°22'$ S. — $g = 2°10'$ E.

$\frac{l}{2} = 1°11'$ S. — $g = 130'$

$Lm = L_e + \frac{l}{2} = 52°38'$

avec { $Lm$ angle de route ; $g$ colonne milles } colonne N.-S. $e = 79$

Faisant cadrer { $l = 142'$ colonne N.-S. ; $e = 79$ colonne E.-O. } on lit { angle de route V 29° ; milles $m = 163$ }

Route vraie à suivre = S. 29 E.

Distance à parcourir = 163 milles.

---

(**187**). Détermination d'un courant. — Le point estimé étant $L_e = 51°27'$ S., $G_e = 0°13'$ O. et le point observé $L = 51°08'$ S. et $G = 0°21'$ O., on demande la vitesse et la direction du courant, sachant qu'il s'est écoulé $6^h$ depuis que le point estimé a été rectifié.

$L_e = 51°27'$ S. — $G_e = 0°13'$ O.

$L = 51°08'$ S. — $G = 0°21'$ O.

$l = 19'$ N. — $g = 8'$ O.

$\frac{l}{2} = 10'$

$Lm = L_e - \frac{l}{2} = 51°17'$

avec { $Lm$ angle de route ; $g = 8$ colonne des milles } colonne N.-S. $e = 5$

Faisant cadrer { $l = 10$ colonne N.-S. ; $e = 5$ colonne E.-O. } on lit { angle de route V 26° ; milles $m = 11,3$ }

Le courant a fait, en $6^h$, 11,3 milles au N. 26 O.

Vitesse, par heure, du courant : 1,9 mille.

---

Feuille I (*Suite*).

(188). **Troisième problème de point.** — Connaissant la latitude $L_e = 51°27'$ S. et la longitude $G_e = 0°13'$ O. du point de départ, la latitude $L = 51°08'$ S. du point d'arrivée et l'angle de route V = N. 26 O., on demande la longitude d'arrivée.

$L_e = 51°27'S.$
$L = 51°08'S.$
$l = 19'N.$
$L_e + L = 102°35'$
$\frac{L_e + L}{2} = Lm = 51°17'N.$

avec { V angle de route ; $l = 19'$ colonne N.-S. } on lit colonne E.-O. : $e = 5$.

avec { $Lm$ angle de route ; $e = 5$ colonne N.-S. } on lit colonne milles : $g = 8'$

$G_e = 0°13'$ O.
$g = 08'$ O.
$G = 0°21'$ O.

---

(195). Distance a un feu. — A $8^h$ du soir, on relève un feu, à 35° du cap du navire. Ayant gouverné à la même route à $10^h$, on relève le même feu à 61° du cap. La vitesse étant de $5^n,5$ déterminer à quelle distance on se trouve du feu, au moment du deuxième relèvement.

On a :

Distance au feu = Chemin parcouru × facteur table X de Caillet
= 11 × 1,36
= 14,96 milles.

# FEUILLE II

## CALCULS DE MARÉES

Les heures et les hauteurs des pleines mers et des basses mers, obtenues en employant la différence des établissements et les centièmes de marée, n'étant exactes qu'aux environs des syzygies, on se servira de préférence des Tables A, B, C de l'*Annuaire des marées*.

Feuille II.

## CALCULS DE MARÉES

(**206, 207, 209, 213**). — On lit, sur la carte, 32 décimètres, pour la sonde d'un point situé par une longitude 5° 24′ Ouest, dont l'unité de hauteur est $5^m$ et l'établissement $6^h$ (1).

Déterminer, en ce point, l'heure de la pleine mer du soir, le 4 mai, l'heure de la basse mer suivante et la hauteur de l'eau sur le point à ces deux moments.

---

**Heure de la pleine mer**

| | |
|---|---|
| Heure de Paris, à la pleine mer, à Brest, le 4 mai au soir = | $4^h\,01^m$ |
| Longitude de Brest = — | $27^m$ |
| Heure locale à la pleine mer, à Brest, le 4 mai au soir = | $3^h\,34^m$ |
| Différence entre l'établissement de Brest et celui du point = | $2^h\,14^m$ (2) |
| Heure locale à la pleine mer, sur le point, le 4 mai au soir = | $5^h\,48^m$ |
| Longitude du point (Ouest +) = + | $22^m$ |
| Heure de Paris, à la pleine mer, sur le point, le 4 mai au soir = | $6^h\,10^m$ |

**Hauteur de la pleine mer.**

Centième de marée du 4 mai au soir C = $94^c$

Hauteur pleine mer $= (1,17 + C) \times U = (1,17 + 0,94) \times 5 = 10^m,55$

Sonde du point = 3 ,2

Hauteur de l'eau au-dessus du point, à la pleine mer = $13^m,75$

**Heure de la basse mer.**

| | |
|---|---|
| Heure de Paris, à la pleine mer, sur le point, le 4 mai au soir = | $6^h\,10^m$ |
| Demi-différence entre la pleine mer du 4 mai au soir, à Brest et celle du 5 mai au matin. = | $6^h\,08^m$ |
| Heure approchée de la basse mer, sur le point = | $12^h\,18^m$ |
| Le lieu étant à l'Est de Brest, on ajoute $30^m$ + | $30^m$ |
| Heure de Paris à la basse mer, sur le point = | $12^h\,48^m$ le 4 mai. |
| ou le 5 mai à | $0^h\,48^m$ du matin. |

**Hauteur de la basse mer.**

Hauteur basse mer $= (1,17 - C) \times U = (1,17 - 0,94) \times 5 = 1^m,15$

Sonde du point = 3 ,2

Hauteur de l'eau sur le point, à la basse mer = $4^m,35$

---

1. Nous avons pris l'unité de hauteur et l'établissement de Portrieux, afin qu'on puisse comparer les deux méthodes.

2. L'établissement de Brest est $3^h\,46^m$; nous ajoutons la différence des établissements, parce que l'établissement du point considéré est plus grand que celui de Brest.

## CALCULS DE MARÉES (*Suite*).

(**212, 213**). — On lit, sur une carte, 32 décimètres, pour la sonde d'un point situé près du port de Portrieux.

Déterminer, en ce point, l'heure de la pleine mer du soir, le 4 mai, l'heure de la basse mer suivante et la hauteur de l'eau à ces deux moments sur le point considéré.

**Heure de la pleine mer** [1].

Heure de Paris, à la pleine mer, à Saint-Malo, le 4 mai au soir = $6^h 17^m$
Correction pour le port de Portrieux. Table A = — $7^m$
Heure de Paris, à la pleine mer, à Portrieux = $6^h 10^m$ du soir [2].

**Hauteur de la pleine mer.**

Hauteur de la pleine mer, à Saint-Malo = $11^m,85$
Correction pour Portrieux. Table A = — $1^m,6$
Hauteur de la pleine mer, à Portrieux = $10^m,25$
Sonde du point = $3^m,2$
Hauteur de l'eau au-dessus du point, à la pleine mer = $13^m,45$

**Heure de la basse mer** [1].

Heure de Paris, à la basse mer, à Brest, le 4 mai au soir = $10^h 17^m$
Correction pour Portrieux. Table B = + $2^h 18^m$
Heure de Paris, à la basse mer, à Portrieux, le 4 mai = $12^h 35^m$
ou le 5 mai à $0^h 35^m$ du matin.

**Hauteur de la basse mer.**

Hauteur de la basse mer, à Brest, le 4 mai au soir = $1^m,3$
Avec 13 décimètres la Table C donne : Hauteur basse mer, à Portrieux = $0^m,9$
Sonde du point = $3^m,2$
Hauteur de l'eau au-dessus du point, à la basse mer = $4^m,1$

(**215**). — Dans la matinée du 5 mai, au moment de la pleine mer, le capitaine ayant fait jeter la sonde dans les environs de Roscoff, a trouvé pour profondeur $20^m,4$. Quelle sonde doit-il chercher sur la carte?

Hauteur de la pleine mer, à Brest, le 5 mai au matin = $7^m,4$
Correction pour Roscoff. Table A = + $0^m,9$
Hauteur de la pleine mer, à Roscoff, le 5 mai au matin = $8^m,3$
Profondeur trouvée en sondant = $20^m,4$
Différence ou sonde à chercher sur la carte = $12^m,1$

1. Rappelons que les heures données par l'*Annuaire des marées* sont des heures temps moyen de Paris, pour tous les ports situés en France.

2. L'heure que nous obtenons avec la Table A est identique à celle qu'on obtient en employant l'*établissement*; cela tient à ce que le 4 mai correspond à une *syzygie*. Pour toute autre époque et surtout pour des lieux plus éloignés de Brest, la concordance est loin d'être la même.

# FEUILLE III

## CALCUL DES ÉLÉMENTS DE LA CONNAISSANCE DES TEMPS

Formules principales :

Pour le soleil :

$$\text{Élément à Tmp} = \text{Élément à } 0^h \pm \frac{V_0 + V_1}{2} \times \text{Tmp} \quad \begin{cases} + \text{ si l'élément augmente.} \\ - \text{ si l'élément diminue.} \end{cases}$$

Tmp doit être exprimée en heures et décimales ;

$V_0$ et $V_1$ sont les variations pour $1^h$, du jour et du lendemain.

Pour la lune :

$$\text{Élément à Tmp} = \text{Élément à l'heure } T_0 \text{ précédente} \pm \frac{V_0 + V_1}{2} \times (\text{Tmp} - T_0) \quad \begin{cases} + \text{ si l'élément augmente.} \\ - \text{ si l'élément diminue.} \end{cases}$$

$(\text{Tmp} - T_0)$ doit être exprimée en minutes et décimales ;

$V_0$ et $V_1$ sont les variations pour $1^m$, de l'heure précédente et de l'heure suivante.

Dans la pratique, on prendra, *à vue*, la variation moyenne en $1^h$ ou en $1^m$, $\frac{V_0 + V_1}{2}$.

Feuille III.

## CALCUL DES ÉLÉMENTS DE LA CONNAISSANCE DES TEMPS

### DÉCLINAISONS

(**218**). — Calculer la déclinaison du soleil à Tmp = $21^h\,59^m$ le 2 octobre.

**Page de droite.**

Déclinaison à $0^h$ le 2 octobre = $3°\,33'\,56'',2$

$58'',15 \times 21,983 = + \quad 21'\,18'',3$

Déclinaison à Tmp = $3°\,55'\,14'',5$ Sud.

Variat. en $1^h$ du 2 oct. $V_0 = 58'',21$

— 3 — $V_1 = 58'',10$

$V_0 + V_1 = 116'',31$

$$\frac{V_0 + V_1}{2} = 58'',15$$

Dans la *Connaissance des Temps*, le signe + appliqué aux déclinaisons signifie Nord.

Le signe — affecte les déclinaisons Sud.

La déclinaison augmentant, on a ajouté la partie proportionnelle.

---

(220). — Calculer la déclinaison du soleil, le 6 octobre, à Tvp = $20^h\,32^m\,29^s$.

**Page de gauche.**

Déclinaison à $0^h$ vraie, le 6 octobre = $5°\,06'\,29'',8$

$57'',59 \times 20,54 = 1182'',9 = \quad 19'\,12'',9$

Déclinaison à Tvp = $5°\,25'\,42'',7$ Sud.

Variat. en $1^h$ du 6 oct. $V_0 = 57'',68$

— 7 — $V_1 = 57'',51$

$V_0 + V_1 \quad 115'',19$

$$\frac{V_0 + V_1}{2} = 57'',59$$

---

(**218**). — Calculer la déclinaison de la Lune à Tmp = $21^h\,38^m\,15^s$ le $1^{er}$ mai.

Déclinaison à $21^h$, le $1^{er}$ mai = $18°\,58'\,04'',3$

$11'',12 \times 38,25 = 425'',3 = \quad 7'\,5'',3$

Déclinaison à Tmp = $18°\,50'\,59'',0$ Sud.

Variat. en $1^m$ à $21^h$ $V_0 = 11'',060$

— à $22^h$ $V_1 = 11'',179$

$V_0 + V_1 \quad 22'',239$

$$\frac{V_0 + V_1}{2} = 11'',12$$

---

(**218**). — Calculer la déclinaison de Jupiter à Tmp = $5^h\,36^m$ le 20 septembre.

Déclinaison à $0^h$, le 20 septembre = $8°\,45'\,14'',4$

$6'',846 \times 5,6 = \quad 38'',3$

Déclinaison à Tmp = $8°\,45'\,52'',7$ S

Variat. du 20 au 21 $2'\,44'',3$

```
164",3  | 24
 20 3   |--------------
  1 10  | 6",846 = Vm
  140      5 ,6
        ---------
         4 1076
        34 230
        ---------
        38,3376
```

---

(220). — Calculer la déclinaison de la Lune, à l'instant de son passage au méridien d'un lieu situé par une longitude G = $101°\,21'\,15''$ Est, le 25 octobre, date astronomique.

Longitude G en temps = $6^h\,45^m\,25^s$ E.

ou G = $17^h\,14^m\,35^s$ O.

Déclinaison au passage au méridien de $17^h$, le 25 oct. = $20°\,16'\,14'',5$

$9'',52 \times 14,6 = \quad 2'\,9'',0$

Déclinaison pour le passage au méridien G = $20°\,14'\,06''$ Nord.

Variat. en $1^m$ de longit. $9'',477$

— $9'',564$

$V_0 + V_1 = 19'',041$

$$\frac{V_0 + V_1}{2} = 9'',52$$

Feuille III.

(220). — Calculer la déclinaison de Jupiter, à l'instant de son passage au méridien d'un lieu situé par une longitude 101° 21′ 15″ Est, le 25 octobre, date astronomique.

G en temps = $6^h 45^m 25^s$ Est.

Déclinaison pour le passage supérieur, à Paris, le 25 = 9° 46′ 27″,6 — Variat. pour $1^h$ de longit. 1″,21

1″,21 × 6,757 = 8″,2

Déclinaison pour le passage en G = 9° 46′ 19″,4 Sud.

La déclinaison va en augmentant et la longitude est Est; la déclinaison était donc plus faible quand Jupiter passait au méridien du lieu.

## ASCENSIONS DROITES

(223). — Calculer l'ascension droite de la Lune, à l'instant où son angle horaire T☾p = $3^h 15^m 12^s,5$ sachant qu'il est environ Tmp = $22^h 30^m$ le $1^{er}$ mai.

Temps moyen local du passage à Paris le $1^{er}$ mai = $19^h 00^m 25^s$.

La Lune ayant passé au méridien de Paris, puisque Tmp est plus grande que l'heure du passage, T☾p appartient au jour lunaire qui suit le passage du $1^{er}$ mai.

Æ☾ au passage au méridien de $3^h$, ou à $3^h$ Temps lunaire = $21^h 47^m 26^s,05$

$37^s,37$

Æ☾ = $21^h 48^m 03^s,42$ à T☾p.

Variat. pour $1^m$ de longitude ou de Temps lunaire $2^s,4617$

— $2^s,4574$

$4^s,9191$

$$\frac{V_0 + V_1}{2} = 2^s,459$$

$2^s,459 \times 15,2 = 37^s,37$

(223). — Calculer l'ascension droite de la Lune, à l'instant où l'angle horaire de cet astre T☾p = $10^h 30^m$, sachant que l'heure moyenne correspondante Tmp = $6^h 20^m$ le 2 mai.

Temps moyen local du passage à Paris le 2 mai = $19^h 54^m 30^s$

Tmp est plus petite que $19^h 54^m 30^s$, par suite la Lune n'a pas encore passé au méridien de Paris le 2 mai; T☾p appartient au jour lunaire qui précède le passage du 2 mai.

Æ☾ au passage au méridien de $10^h$, ou à $10^h$ Temps lunaire = $22^h 04^m 33^s,68$

$2^s,4297 \times 30$ = $1^m 13^s,89$

Æ☾ à T☾p = $22^h 05^m,47^s,57$

Variation en $1^m$ de longitude ou de Temps lunaire $2^s,4318$

— $2^s,4276$

$4^s,8594$

$$\frac{V_0 + V_1}{2} = 2,4297$$

(224). — Calculer Æ☾ à l'instant où T☾g = $8^h 30^m$ dans un lieu dont la longitude est $2^h 00^m$ Ouest le 2 mai.

(A vue). Temps moy. passage Paris ou (Æ☾ — Æm) le 2 = $19^h 54^m$

T☾g = $8^h 30^m$

Tmg = T☾g + Æ☾ — Æm. . . . Tmg app. = $4^h 20^m$

G = + $2^h 00^m$ O.

Tmp app. = $6^h 20^m$ le 2.

T☾g = $8^h 30^m$

G = $2^h$ O.

T☾p = $10^h 30^m$

Connaissant T☾p et Tmp approchée, on retombe dans le problème précédent.

Feuille III (*Suite*).

ASCENSIONS DROITES (*suite*).

(223). — Calculer l'ascension droite de Jupiter, à l'instant où son angle horaire Tap = $22^h 08^m$ le 8 septembre.

**Calcul de l'heure moy. approchée.**

Tap = $22^h 08^m$
A vue Ꝝ Jupiter = $22^h 58^m$
Somme Tsp = $21^h 06^m$
A vue Ꝝm = $11^h 09^m$
Tmp = $9^h 57^m$ le 8 sept.

Le 8 septembre Jupiter passe au méridien à $11^h 47^m 15$; Tap appartient donc au jour de Jupiter compris entre le passage du 7 et celui du 8.

Ꝝ Jupiter pour le passage à Paris du 7, ou à $0^h$ Temps de l'astre = $22^h 58^m 42^s,02$
Variat. pour $1^m$ de longitude ou de temps de l'astre = $1^s,228$ . . . $1^s,228 \times 22,13$ = $27^s,12$
Ꝝ Jupiter à Tap = $22^h 58^m 14^s,90$

(224). — Calculer l'ascension droite de Jupiter, à l'instant où son angle horaire est Tag = $20^h 38^m$ dans un lieu dont la longitude G = $1^h 30^m$ O., le 8 septembre.

(A vue). T. moy. passage Paris ou Ꝝa — Ꝝm le 8 = $11^h 47^m$
Tag = $20^h 38^m$
Tmg approchée = $8^h 25^m$ le 8.

Tmg app. = $8^h 25^m$
G = $1^h 30^m$
Tmp app. = $9^h 55^m$ le 8 sept.

Tag = $20^h 38^m$
G = $1^h 30^m$
Tap = $22^h 08^m$

Connaissant Tmp approchée et Tap, on retombe sur le problème précédent.

(225). — Calculer l'ascension droite moyenne, pour l'heure de Paris Tmp = $15^h 19^m 30^s$ le 12 mai.

Ascension droite moy. à $0^h$ le 12 mai = $3^h 19^m 51^s,16$
Correction. T. VI, *C. des Temps.* { pour $15^h 19^m$ = $2^m 30^s,968$ ; pour $30^s$ = $0^s,082$ }
Ꝝm à Tmp = $3^h 22^m 22^s,210$

(227). — Calculer l'ascension droite moyenne, pour l'heure sidérale de Paris Tsp = $21^h 07^m$ le 7 janvier.

Ascension droite moyenne ou Temps sidéral à $0^h$, le 7 janvier, Tspo = $19^h 07^m 01^s,79$
Temps sidéral donné Tsp = $21^h 07^m 00^s,00$
Intervalle sidéral écoulé depuis midi moyen (Tsp — Tspo) = $1^h 59^m 58^s,21$
Correction T. V. *C. des Temps*, pour (Tsp — Tspo { $19^s,495$ ; $0^s,158$ }
Ꝝm à $0^h$ ou Tspo = $19^h 07^m 01^s,79$
Ꝝm à Tsp = $19^h 07^m 21^s,44$

On ajoutera $24^h$, si c'est nécessaire, à Tsp pour faire la différence Tsp — Tspo.

## ASCENSIONS DROITES (*suite*).

(228). — Calculer l'ascension droite moyenne, pour l'heure sidérale d'un lieu Tsg = $22^h 05^m 30^s$, sachant que la date astronomique du lieu est le 7 janvier et que la longitude G = $5^h$ Est.

**Heure approchée de Paris.**

| | |
|---|---|
| Tsg = | $22^h$ |
| (A vue). Æm = | $19^h$ |
| Diff. Tmg = | $3^h$ le 7 janv. |
| G = — | $5^h$ E. |
| Tmp = | $22^h$ le 6 janv. |
| Tsg = | $22^h 05^m 30^s$ |
| G = | $5^h$ E. |
| Tsp = | $17^h 05^m 30^s$ |

| | |
|---|---|
| Æm ou Temps sidéral à $0^h$ le 6 janv. Tspo = | $19^h 03^m 05^s,23$ |
| Temps sidéral à Paris Tsp = | $17^h 05^m 30^s$ |
| Intervalle sidéral (Tsp — Tspo) = | $22^h 02^m 24^s,77$ |
| Correction *T. V. C. des Temps*, pour (Tsp — Tspo) | $3^m 36^s,578$ ; $0^s,068$ |
| Æm à $0^h$ le 6 ou Tspo = | $19^h 03^m 05^s,23$ |
| Æm à Tsg = | $19^h 06^m 41^s,88$ |

On a ajouté $24^h$ à Tsp, pour rendre possible la soustraction Tsp — Tspo.

---

## ÉQUATIONS DU TEMPS

(230). — Calculer l'équation du temps vrai, pour une heure vraie de Paris Tvp = $6^h 30^m$ le 17 février.

**Pages de gauche.**

| | |
|---|---|
| *Temps moyen* à midi vrai le 17 février = | $0^h 14^m 13^s,91$ |
| $0^s,203 \times 6,5$ = | $1^s,32$ |
| Équation du temps vrai à Tvp = | $0^h 14^m 12^s,59$ |

$V_0 = 0^s,189$

$V_1 = 0^s,218$

$V_0 + V_1 = 0^s,407$

$\frac{V_0 + V_1}{2} = 0^s,203$

---

(232). — Calculer l'équation du temps moyen, pour une heure moyenne de Paris Tmp = $6^h 44^m 12^s,59$ le 17 février.

**Pages de droite.**

| | |
|---|---|
| *Temps vrai* à midi moyen, le 17 février = | $11^h 45^m 46^s,05$ |
| $0^s 203 \times 6,74$ = | $1^s,37$ |
| $12^h$ + Équation du temps moyen à Tmp = | $11^h 45^m 47^s,42$ |
| Équation du temps moyen à Tmp = — | $14^m 12^s,58$ |

$\frac{V_0 + V_1}{2} = 0^s,203$

---

## TEMPS MOYEN LOCAL DU PASSAGE D'UN ASTRE AU MÉRIDIEN

*Lune.*

(235). — Calculer l'heure temps moyen local du passage de la Lune au méridien d'un lieu dont la longitude est $101°21'15''$ Est, le 25 octobre (date astronomique).

G en temps = $6^h 45^m 25^s$ Est.
ou G = $17^h 14^m 35^s$ Ouest.

| | | |
|---|---|---|
| Temps moy. local du passage au méridien de $17^h$, le 25 oct. = | $19^h 13^m 32^s$ | $V_0 = 2^s,11$ |
| $1^s,95 \times 14,6$ | $28^s$ | — $0^s,16$ |
| Temps moyen local du passage dans le lieu = | $19^h 14^m 00^s$ le 25. | $V_0 - 0^s,16 = 1^s,95$ |

A la mer, il est inutile de faire la partie proportionnelle exacte, on fait l'interpolation à vue.

**Feuille III** (*Suite*).

TEMPS MOYEN LOCAL DU PASSAGE D'UN ASTRE AU MÉRIDIEN (*suite*).

*Planètes.*

(**236**). — Le 9 octobre, vers $8^h$ du soir, le point estimé étant $L_e = 37°52'$ Sud, $G_e = 62°27'$ Ouest, le loch de $8^h = 8^n,1$, la route S. 60 E. du monde, déterminer l'heure du passage de Jupiter au méridien du navire, ainsi que l'heure du compteur au moment du passage.

On a d'ailleurs Tmp — A = $7^h\,08^m\,21^s$, A — M = $0^h\,27^m\,50^s$.

**Calcul de Tvg approchée.**

(A vue). Heure approchée passage à Paris ou Tmg app. = $9^h\,32^m$
(A vue) Em = $13^m$
Tvg app. = $9^h\,45^m$ le 9 oct.

$8^m,1 \times 1,8 = 14^m,6$
De $8^h$ à $9^h45$, milles parcourus = $14^m,6$

**Point estimé pour l'instant du passage.**

| V. | m. | S. | E. |
|---|---|---|---|
| S. 60° E. | 14,6 | 7,3 | 12,6 |

$g = 16'\,00''$ E.
$G_e = 62°27'$ O.
$G'_e = 62°13'\,00''$ O. $= 4^h\,08^m\,52^s = 4^h,15$

**Calcul de Tmg et de Tvg exacts.**

Temps moy. passage Paris, le 9 octobre = $9^h\,32^m\,21^s$
Variat. pour $1^h$ $\frac{V_o + V_1}{2} = 10^s,57$ $\quad 10^s,57 \times 4,15 =$ $44^s$
Temps moyen passage dans le lieu, Tmg = $9^h\,31^m\,37^s$
Em à vue = $12^m\,46^s$
Temps vrai passage dans le lieu = $9^h\,44^m\,23^s$

**Calcul de l'heure du compteur.**

Tmg = $9^h\,31^m\,37^s$
$G'_e$ = + $4^h\,08^m\,52^s$ O.
Tmp = $13^h\,40^m\,29^s$
Tmp — A = — $7^h\,08^m\,21^s$
A = $6^h\,32^m\,08^s$
A — M = — $0^h\,27^m\,50^s$
M = $6^h\,05^m\,18^s$

---

*Étoile.*

(**237, 245, 250**). — Le 31 janvier, vers $8^h$ du soir, le point estimé étant $L_e = 39°49'$ N., $G_e = 97°19'$ E., le loch de $8^h = 12^n,8$, la route le N. 35 E. du monde, déterminer l'heure du passage de l'étoile *Sirius* au méridien du navire, ainsi que l'heure du compteur au moment du passage.

On a d'ailleurs Tmp — A = $1^h\,27^m\,16^s$, A — M = $2^h\,53^m\,05^s$.

**Tvg et Tvp approchées.**

Tsg = Æ✱ = $6^h\,30^m$
A vue Æv = $20^h\,55^m$
Tvg app. = $9^h\,35^m$ le 31 janv.
G = $6^h\,30^m$ E.
Tvp app. = $3^h\,05^m$ le 31 janv.

**Point estimé pour l'instant du passage.**

De $8^h$ à $9^h\,35^m$, milles parcourus = $12,8 \times 1,6 = 20,5$

| V. | m. | N. | E. |
|---|---|---|---|
| N. 35° E. | 20,5 | » | 11,8 |

$g = 15'\,24''$ E.
$G_e = 97°\,19'\,00''$ E.
$G'_e = 97°\,34'\,24''$ E.
$G'_e = 6^h\,30^m\,18^s$ E.

Feuille III (*Suite*).

**Calcul de Tmg (1re Méthode).**

Æ✱ = Tsg = $6^h\,30^m\,21^s,25$
$G'_e$ = — $6^h\,30^m\,18^s$ E.

Tsp = $0^h\,00^m\,03^s,25$
Le 31, Æm à $0^h$ ou Tspo = $20^h\,41^m\,39^s,16$

Intervalle sidéral (Tsp — Tspo) = $3^h\,18^m\,24^s,09$

Le 31, Æm à $0^h$ ou Tspo = $20^h\,41^m\,39^s,16$
Correction T. V pour (Tsp — Tspo) toujours additive. = { $0^m\,32^s,438$ / $0^s,106$

Æm à Tsp = $20^h\,42^m\,11^s,7$
Tsg = $6^h\,30^m\,21^s,25$

Tsg — Æm = Tmg = $9^h\,48^m\,09^s,6$ le 31 janv.

**Calcul de Tmg (2e Méthode).**

Le 31, Æm à $0^h$ ou Tspo = $20^h\,41^m\,39^s,16$
Correction T. VI pour $G_e$, à retrancher, $G_e$ étant Est = { $1^m\,04^s,067$ / $0^s,049$ } $1^m\,04^s,116$

Æm à $0^h$ lieu ou Tsgo = $20^h\,40^m\,35^s,05$
Æ✱ ou Tsg au passage = $6^h\,30^m\,21^s,25$

(Tsg — Tsgo) Intervalle sidéral = $9^h\,49^m\,46^s,20$
Correction T. V pour (Tsg — Tsgo) toujours soustractive = { $1^m\,36^s,493$ / $0^s,126$ } $1^m\,36^s,619$

Tmg = $9^h\,48^m\,9^s,6$ le 31 janv.

**Calcul de Tvg.**

Tmg = $9^h\,48^m\,10^s$ le 31 janv.
A vue Em = $11^h\,46^m\,20^s$

Tvg = $9^h\,34^m\,30^s$ le 31 janv.

**Calcul de M.**

Tmg = $9^h\,48^m\,10^s$
$G'_e$ = — $6^h\,30^m\,18^s$

Tmp = $3^h\,17^m\,52^s$
Tmp — A = — $1^h\,27^m\,16^s$

A = $1^h\,50^m\,36^s$
A — M = — $2^h\,53^m\,05^s$

M = $10^h\,57^m\,31^s$

---

## TEMPS VRAI LOCAL DU PASSAGE DE LA LUNE AU MÉRIDIEN.

Par l'*Annuaire des marées.*

Calculer l'heure temps vrai local du passage de la lune au méridien d'un lieu dont la longitude G = $6^h\,45^m\,25^s$ Est, le 25 octobre (date astronomique).

Appliquer la formule :

Tvg passage = Tvp passage { + pplle du retard du jour au lendemain, pour G Ouest. / — pplle du retard de la veille au jour, pour G Est.

Tvp passage le 24 = $18^h\,55^m,6$
Tvp passage le 25 = $19^h\,42^m,9$

Retard de la veille au jour = $47^m,3$
1/24 du retard = $1^m,97$

Tvg passage le 25 = $19^h\,42^m,9$
1/24 du retard × G = $1^m,97 \times 6,763$ = $13^m,3$

Tvg passage le 25 = $19^h\,29^m,6$

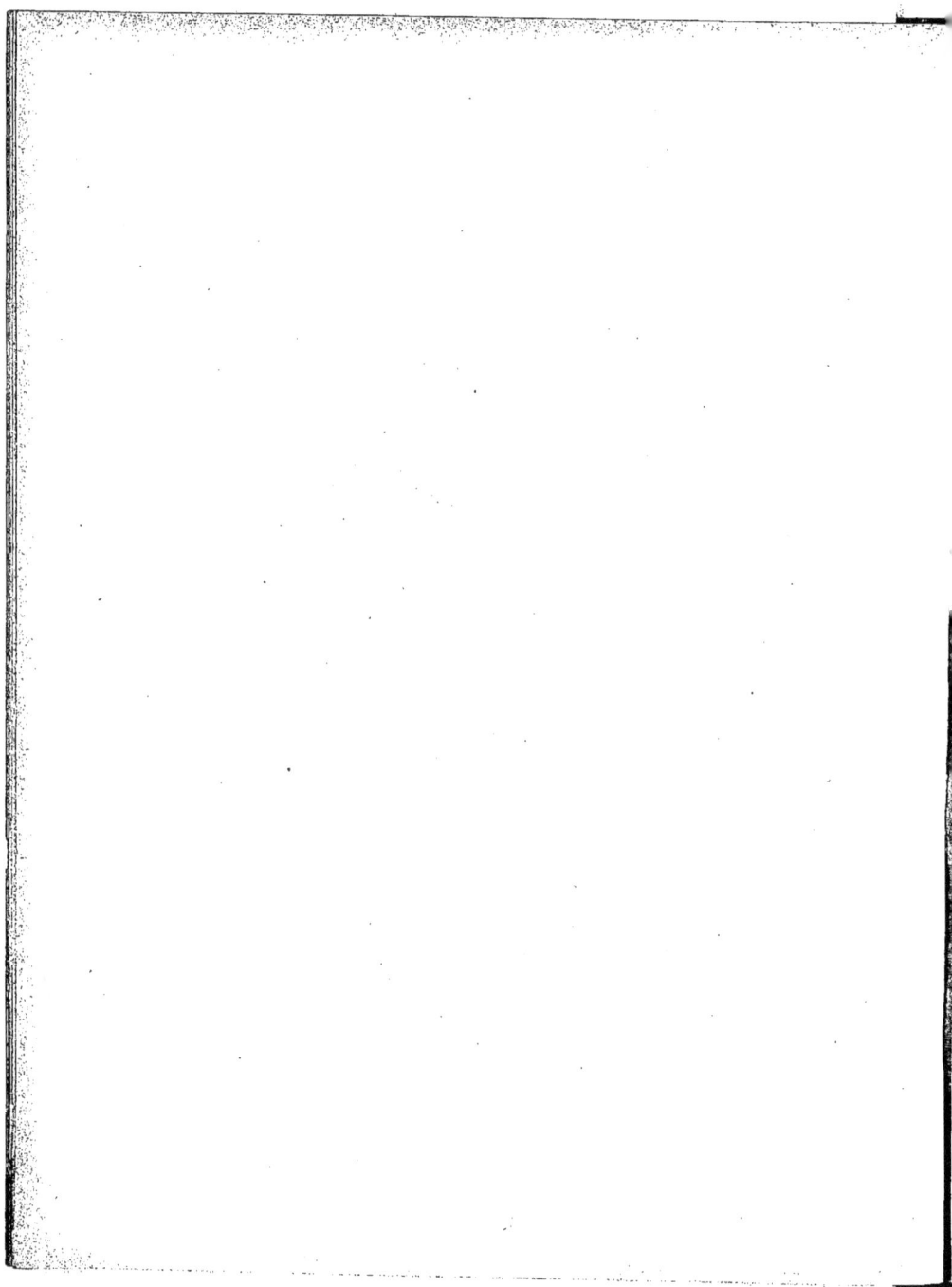

# FEUILLE IV

## CORRECTIONS DES HAUTEURS

### Principales formules :

1° *Pour les hauteurs observées à l'horizon de la mer :*

$$Hv\ominus = Hi\underline{\odot} \pm \varepsilon - \text{Dép} - R\underline{\odot} + \varpi\underline{\odot} + d\odot.$$

$$Hv\ominus = Hi\underline{\odot} \pm \varepsilon - \text{Dép} + dr\odot - R\ominus + \varpi\ominus.$$

$$Hv\in = Hi\underline{\text{☾}} \pm \varepsilon - \text{Dép} + (\varpi\underline{\text{☾}} - R\underline{\text{☾}}) + d\text{☾}.$$

$$Hv\in = Hi\underline{\text{☾}} \pm \varepsilon - \text{Dép} + dr\text{☾} + (\varpi\in - R\in).$$

$$Hv\,\text{♀} = Hi\,\text{♀} \pm \varepsilon - \text{Dép} - Rm + \varpi\,\text{♀}.$$

$$Hv\ast = Hi\ast \pm \varepsilon - \text{Dép} - Rm.$$

2° *Pour les hauteurs observées à l'horizon artificiel :*

$$Hv\ominus = \frac{\text{Lect. au sextant} \pm \varepsilon}{2} - R\underline{\odot} + \varpi\underline{\odot} + d\odot.$$

*Correction pratique à la mer :*

$$Hv\ominus = Hi\underline{\odot} \pm \varepsilon + \text{Table E Caillet} \pm \text{Annexe}.$$

A défaut de Table E, on emploiera la Table III placée à la fin de l'ouvrage.

Feuille IV.

## CORRECTIONS DE HAUTEURS

(296) *Hauteur de Lune à l'horizon de la mer.*

**1re Méthode (exacte).**

Le 2 mai, vers $9_h$ du matin, par $\begin{cases} L_e = 46° \text{ Nord} \\ G_e = 39° \text{ Est} \end{cases}$
on a pris Hi ☾ = 15° 40′, erreur instr. $\varepsilon = + 3'$, Élév. œil $6^m,4$. Le thermomètre marquait : $\theta = + 19°$ et le baromètre : $\beta = 771^{mm}$.

Corriger la hauteur.

**Éléments de la *C. des Temps*.**

Parall. horiz. équat. $\Pi = 59'20''$ 1/2 diam. vrai $d = 16'11''$
Caillet Table XXIV = — 6″

Parall. horiz du lieu $\pi = 59'14''$

| | | | |
|---|---|---|---|
| Hi ☾ = 15°40′00″ | T. XXVIII Caillet | pr Har = 15°30′ ; pr $\pi$ = 59′ | 53′25″ |
| $\varepsilon$ = + 3′ | | pr 8′ de Hr | — 00″ |
| Ho ☾ = 15°43′00″ | | pr 14″ de $\pi$ | + 14″ |
| Caillet T. XV. Dép = — 4′29″ | | $\varpi$ — Rm = | 53′39″ |
| Har ☾ = 15°38′31″ | T. XVI. Caillet Rm = 3′26″ | | |
| $\varpi$ — R = + 53′43″ | T. XXI Caillet. | pour $\theta$ | — 6″,5 |
| Hv ☾ = 16°32′14″ | | pour $\beta$ | + 2″,9 |
| $d$ = + 16′11″ | Correct. T. XXI = | | — 3″,6 |
| Hv € = 16°48′25″ | | | |

Soustract. à Rm mais addit. à $\varpi$ — Rm.
$\varpi$ — R = 53′39″ + 3″,6
$\varpi$ — R = 53′43″

(296) **2e Méthode exacte (mêmes données).**

| | |
|---|---|
| Hi ☾ = 15°40′00″ | *C. des T.* $d$ = 16′11″ |
| $\varepsilon$ = + 3′ | Caillet, T. XXV = + 5″ |
| Ho ☾ = 15°43′00″ | 1/2 diam. haut. $d'$ = 16′16″ |
| T. XV. Dép = — 4′29″ | Caillet. T. XXIII — 3″,5 |
| | Annexe 0″,0 |
| Har ☾ = 15°38′31″ | 1/2 diam. réfracté $dr$ = 16′12″ |
| $dr$ = + 16′12″ | |
| Har € = 15°54′43″ | T. XXVIII Caillet. pr Har 15°50′ ; pour $\pi$ 59′ : 53′24″ |
| $\varpi$ — R = + 53′42″ | pr 5′ de Hr — 00″ |
| Hv € = 16°48′25″ | pr 14″ de $\pi$ + 14″ |
| | $\varpi$ — Rm 53′38″ |

T. XVI Caillet. Rm = 3′22″

T. XXI, Caillet { pour $\theta$ — 6″,5 ; pour $\beta$ + 2″,9

Correction T. XXI — 3″,6
Soustr. à Rm, mais addit. à $\varpi$ — Rm
$\varpi$ — R = 53′42″

(301) *Hauteur de Lune à l'horizon de la mer.*

**1re Méthode (approchée).**

Mêmes données.

| | |
|---|---|
| Hi ☾ = | 15° 40′ 00″ |
| $\varepsilon$ = + | 3′ |
| Ho ☾ = | 15° 43′ 00″ |
| Caillet. T. XV. Dép = — | 4′ 29″ |
| Har ☾ = | 15° 38′ 31″ |
| T. XXVIII $\varpi$ — Rm = + | 53′ 39″ |
| Hv ☾ = | 16° 32′ 10″ |
| $d$ = + | 16° 11″ |
| Hv € = | 16° 48′ 21″ |

**2e Méthode (approchée).**

| | |
|---|---|
| Hi ☾ = | 15° 40′ 00″ |
| $\varepsilon$ = + | 3′ |
| Ho ☾ = | 15° 43′ 00″ |
| Dép = — | 4′ 29″ |
| Har ☾ = | 15° 38′ 31″ |
| $d$ = + | 16′ 11″ |
| Har € = | 15° 54′ 42″ |
| $\varpi$ — Rm = + | 53′ 38″ |
| Hv € = | 16° 48′ 20″ |

Feuille IV.

*Hauteur de Soleil à l'horizon de la mer.*

(296) **1re Méthode (exacte).**

Le 11 mai on a pris Hi ⊙ 18° 55' 50" erreur instr. ε = + 1' 10". Élév. œil = 9m. Thermomètre θ = + 19°; baromètre β = 771mm.

*Connaiss. des Temps* d ⊙ = 15' 51",8

Hi ⊙ = 18°55'50"
ε = + 1'10"
Ho ⊙ = 18°57'00"
T. XV Caillet. Dép = — 5'19"
Har ⊙ = 18°51'41"
R = — 2'46"
Ha ⊙ = 18°48'55"
ϖ = + 8"
Hv ⊙ = 18°49'03"
d = + 15'52"
Hv ⊖ = 19°04'55"

Caillet. T. XVI. Rm = 2'49",2
Caillet T XXI. { prθ = + 19° — 5",5 ; prβ = 771mm + 2",5
Correct. T. XXI. = — 3"
R = 2'49",2 — 3" = 2'46"
T. XVII. Caillet ou T. III. *C. des T.* } ϖ = 8",2

(301) **1re Méthode (approchée).**

Mêmes données.

Hi ⊙ = 18° 55' 50"
ε = + 1' 10"
Ho ⊙ = 18° 57' 00"
Dép = — 5' 19" T. XV. Caillet.
Har ⊙ = 18° 51' 41"
T. XVI. Caillet. Rm = — 2' 49"
Ha ⊙ = 18° 48' 52"
ϖ = + 8"
Hv ⊙ = 18° 49' 00"
d = + 15' 52"
Hv ⊖ = 19° 04' 52"

(296) **2e Méthode (exacte).**

Mêmes données.

Hi ⊙ = 18°55'50"
ε = + 1'10"
Ho ⊙ = 18°57'00"
Dép = — 5'19"
Har ⊙ = 18°51'41"
dr = + 15'50"
Har ⊖ = 19°07'31"
R = — 2'44"
Ha ⊖ = 19°04'47"
ϖ = + 8"
Hv ⊖ = 19°04'55"

d = 15'51"8
T. XXIII. Caillet — 1",4
Annexe 0",0
dr 15'50",4
T. XVI. Caillet Rm = 2'46",7
T. XXI. Caillet. { prθ = + 19° — 5",5 ; prβ = 771mm + 2",5
Correction T. XXI = — 3"
R = Rm — 3" = 2'44"
T. XVII. Caillet. } ϖ = 8",2

**2e Méthode (approchée).**

Hi ⊙ = 18° 55' 50"
ε = + 1' 10"
Ho ⊙ = 18° 57' 00"
Dép = — 5' 19" T. XV. Caillet.
Har ⊙ = 18° 51' 41"
d = + 15' 52"
Har ⊖ = 19° 07' 33"
Rm = — 2' 47" T. XVI. Caillet.
Ha ⊖ = 19° 04' 46"
ϖ = + 8"
Hv ⊖ = 19° 04' 54"

(303) *Correction d'une hauteur de Soleil observée à l'horizon artificiel.*

Le 11 mai on a obtenu 2 Hi ⊙ = 37° 51' 00" erreur instr. ε = + 1' 10", θ = + 19° β = 771mm.

Lect. au sext. ou } 2 Hi ⊙ = 37°51'00"
ε = + 1'10"
2 Har = 37°52'10"
Har ⊙ = 18°56'05"
R = — 2'45"
Ha ⊙ = 18°53'20"
ϖ = + 8"
Hv ⊙ = 18°53'28"
d = + 15'52"
Hv ⊖ = 19°09'20"

*C. des T.* d = 15'51",8
T. XVI. Caillet. } Rm = 2'48",4
T. XXI. Caillet. { prθ = + 19° — 5",5 ; prβ = 771mm + 2",5
Correct. T. XXI = — 3"
R = 2'48",4 — 3" = 2'45"
T. XVII Caillet. } ϖ = 8",2

(301) *Correction d'une hauteur de planète à la mer.*

Le 12 janvier on a observé
Hi ♀ (Vénus) = 37° 07' 50" ε = — 0' 30"
Élév. œil 5m,9.

*Conn. des Temps* π = 20"

Hi ♀ = 37° 07' 50"
ε = — 0' 30"
Ho ♀ = 37° 07' 20"
T. XV. Caillet Dép. = — 4' 18"
Har ♀ = 37° 03' 02"
Rm = — 1' 17" T. XVI. Caillet.
Ha ♀ = 37° 01' 45"
ϖ = + 16"
Hv ♀ = 37° 02' 01"
T. XXVII Caillet ou IV. *C. des T.* } ϖ = 16"

On néglige le demi-diamètre.

**Feuille IV** (*Suite*).

(301) *Correction pratique d'une hauteur de Soleil à la mer.*

Le 11 mai on a pris Hi ☉ = 18°55'50" { ε + 1' 10". Élév. œil $9^m$.

| | | | |
|---|---|---|---|
| Hi ☉ = 18°55'50" | Table E de Caillet. | $p^r$ 19° et $9^m$ | + 8',2 |
| ε = + 1'10" | | $p^r$ mai, annexe | — 0',2 |
| Ho ☉ = 18°57'00" | | Correct. T. E = | + 8',00 |
| Table E = + 8'00" | | | |
| Hv ⊖ = 19°05'00 | | | |

(301) *Correction d'une hauteur d'étoile.*

On a observé Hi ✳ = 37°07'50" erreur instr. ε = + 1'10". Élév. œil $5^m$,50.

| | |
|---|---|
| Hi ✳ = | 37°07'50" |
| ε = + | 1'10" |
| Ho ✳ = | 37°09'00" |
| T. XV Caillet Dép = — | 4'14" |
| Har ✳ = | 37°04'46" |
| T. XVI Caillet Rm = — | 1'17" |
| Hv ✳ = | 37°03'29" |

# FEUILLE V

## RÉGLER UN CHRONOMÈTRE PAR DES HAUTEURS DE SOLEIL PRISES A L'HORIZON ARTIFICIEL

Principales formules :

$$A = M + A_1 - M_1 + \frac{[(A_2 - M_2) - (A_1 - M_1)]\,(M - M_1)}{M_2 - M_1}.$$

Le calcul de la fraction devra se faire *à vue*, la valeur de $(A_2 - M_2) - (A_1 - M_1)$ étant toujours très faible et souvent négligeable dans la pratique.

$$\sin\frac{P}{2} = \sqrt{\frac{\cos S \sin (S - Hv)}{\cos L \sin \Delta}}.$$

$$\text{Marche diurne} = \frac{\text{Variation des États}}{\text{Nombre de jours écoulés}} \left\{ \begin{array}{l} \text{Avance ou + si l'état (Retard) a diminué.} \\ \text{Retard ou — si l'état (Retard) a augmenté.} \end{array} \right.$$

(Tmp — A) au midi précédent = (Tmp — A) à Tmp + partie proport. de la marche pour Tmp, de même signe que la marche.

(Tmp — A) au midi suivant = (Tmp — A) à Tmp + partie proport. pour ($24^h$ — Tmp), de signe contraire à la marche.

Feuille V.

## RÉGLER UN CHRONOMÈTRE PAR DES HAUTEURS DE SOLEIL PRISES A L'HORIZON ARTIFICIEL

**(315, 316, 327).** — 1° Le 26 octobre, étant dans un port de relâche, par $\left\{ \begin{array}{l} L = 14°39'55'' \text{ N.} \\ G = 15°02'00'' \text{ O.} \end{array} \right\}$ vers $7^h52^m$ du matin, on a observé à terre, à l'horizon artificiel, trois séries de hauteurs du bord inférieur du Soleil, et l'on a trouvé pour les moyennes des hauteurs doubles :

| | | | |
|---|---|---|---|
| $2\,Hi\,\odot = 51°21'30''$ | aux heures du compteur | $M = 7^h43^m21^s$ | Thermomètre $\theta = +\ 21°$ |
| $2\,Hi'\,\odot = 52°40'35''$ | | $M' = 7^h46^m19^s$ | Baromètre $\beta = 752^{mm}$ |
| $2\,Hi''\,\odot = 54°37'07''$ | | $M'' = 7^h50^m41^s,5$ | Erreur instr. $\varepsilon = -\ 50''$ |

Avant de quitter le bord, vers $7^h$, la comparaison était $A_1 - M_1 = 1^h07^m25^s$, et au retour, vers $8^h30^m$, la comparaison est devenue $A_2 - M_2 = 1^h07^m30^s$. L'état absolu approché du chronomètre, à $0^h$ le 25 octobre, est $Tmp - A = 11^h58^m43^s$, la marche diurne $a = +\ 2^s,4$ (Avance).

Déterminer l'état absolu du chronomètre sur le temps moyen de Paris.

2° Le $1^{er}$ novembre, à $21^h$, une opération semblable a donné $(Tmp - A)_2 = 11^h58^m22^s,1$.

Déterminer la marche diurne du chronomètre et son état absolu à $0^h$ de Paris le 2 novembre.

---

(A vue). Comparaison moyenne à $7^h52^m = A_0 - M_0 = 1^h07^m27^s,5$

**Calcul des heures correspondantes du chronomètre.**

| | | | | | |
|---|---|---|---|---|---|
| $A_0 - M_0 =$ | $1^h07^m27^s,5$ | $A_0 - M_0 =$ | $1^h07^m27^s,5$ | $A_0 - M_0 =$ | $1^h07^m27^s,5$ |
| $M = +$ | $7^h43^m21^s$ | $M' = +$ | $7^h46^m19^s$ | $M'' = +$ | $7^h50^m41^s,5$ |
| $A =$ | $8^h50^m48^s,5$ | $A' =$ | $8^h53^m46^s,5$ | $A'' =$ | $8^h58^m09^s,1$ |

Moyenne des heures du chronomètre, *à vue*, $A_0 = 8^h54^m$

**Tmp et Tvp approchées.**

| | | | |
|---|---|---|---|
| Tmg appr. $= 19^h52^m$ le 25. | | $A_0 =$ | $8^h54^m$ |
| $G_e = 1^h00^m08^s$ | | $Tmp - A =$ | $11^h59^m$ |
| Tmp appr. $= 20^h52^m$ le 25. | | Tmp appr. $=$ | $20^h53^m$ le 25. |
| | | à vue $Em = +$ | $16^m$ |
| | | Tvp appr. $=$ | $21^h09^m$ le 25. |

**Éléments de la *C. des T.***

| | |
|---|---|
| D à $0^h$ moy. le 25 $=$ | $12°06'10'',5$ |
| $51'',55 \times 20,87 = +$ | $17'55'',8$ |
| D à Tmp $=$ | $12°23'06''$ Sud. |
| $\Delta =$ | $102°23'06''$ |
| *Ev* à $0^h$ vraie le 25 $=$ | $11^h44^m09^s,33$ |
| $0^s,267 \times 20,87 = -$ | $5^s,6$ |
| *Ev* à Tvp $=$ | $11^h44^m03^s,7$ |

*Correction des hauteurs*[1].

**Correction moyenne.**

pour $Ho\,\odot$ moy. à vue $26°30'$

Caillet T. XVI $Rm = 1'57''$

T. XXI. Caillet $\left\{ \begin{array}{l} p^r\ \theta = +\ 21° - 4'',7 \\ p^r\ \beta = 752^{mm} - 1'',3 \end{array} \right\} - 6'',0$

$Rm$ + Correct. T. XXI $= R = 1'51''$

| | |
|---|---|
| $d\,\odot =$ | $16'08''$ |
| $\varpi\,\odot =$ | $8''$ |
| $d\,\odot + \varpi\,\odot =$ | $16'16''$ |
| $-R = -$ | $1'51''$ |

$d\,\odot + \varpi - R = 14'25'' =$ Correct. moy.

| **1re Série.** | **2e Série.** | **3e Série.** |
|---|---|---|
| $2\,Hi\,\odot = 51°21'30''$ | $2\,Hi'\,\odot = 52°40'35''$ | $2\,Hi'' = 54°37'07''$ |
| $\varepsilon = -\ 50''$ | $\varepsilon = -\ 50''$ | $\varepsilon = -\ 50''$ |
| $2\,Ho\,\odot = 51°21'40''$ | $2\,Ho'\,\odot = 52°39'45''$ | $2\,Ho''\,\odot = 54°36'17''$ |
| $Ho\,\odot = 25°40'20''$ | $Ho'\,\odot = 26°19'52''$ | $Ho''\,\odot = 27°18'08''$ |
| Cor. moy $= 14'25''$ | $= 14'25''$ | $= 14'25''$ |
| $Hv\,\ominus = 25°54'45''$ | $Hv'\,\ominus = 26°34'17''$ | $Hv''\,\ominus = 27°32'33''$ |

---

1. Si les hauteurs observées des trois séries étaient plus différentes, il serait absolument indispensable de faire une correction séparée pour chaque série. Il serait inutile de tenir compte des corrections de la Table XXI, si on commettait des erreurs beaucoup plus considérables dans le calcul de Rm.

**Feuille V.**

**Calcul de $(Tmp - A)_1$.**

| | | | | | | |
|---|---|---|---|---|---|---|
| Hv $\ominus$ = 25°54′45″ | 6 | 26°34′17″ | | 27°32′33″ | | |
| L = 14°39′55″ | colog cos = 0,114379 | 14°39′55″ | | 14°39′55″ | | |
| Δ = 102°23′06″ | colog sin = 0,010223 | 102°23′06″ | | 102°23′06″ | | |
| | 3 | | | | | |
| | Somme = 0,024611 | | 0,024611 | | 0,024611 | |
| 2 S = 142°57′46″ | 43 | 143°37′18″ | 51 | 144°35′34″ | 87 | |
| S = 71°28′53″ | log cos = $\bar{1}$,501854 | 71°48′39″ | $\bar{1}$,494332 | 72°17′47″ | $\bar{1}$,482921 | |
| S — Hv = 45°34′08″ | log sin = $\bar{1}$,853738 | 45°14′22″ | $\bar{1}$,851278 | 44°45′14″ | $\bar{1}$,847582 | |
| | 16 | | 15 | | 30 | |
| | $2 \log \sin \frac{P}{2}$ = $\bar{1}$,380262 | | $\bar{1}$,370287 | | $\bar{1}$,355281 | |
| | $\sin \frac{P}{2}$ = $\bar{1}$,690131 / 098 | 33 | $\bar{1}$,685143 / 115 | 28 | $\bar{1}$,677615 / 614 | 1 |
| | $\frac{P}{2}$ = $1^h 57^m 20^s,6$ | | $1^h 55^m 52^s,5$ | | $1^h 53^m 42^s,0$ | |
| | P = $3^h 54^m 41^s,2$ | | $3^h 51^m 45^s,0$ | | $3^h 47^m 24^s,0$ | |
| | Tvg = $20^h 05^m 18^s,8$ | | $20^h 08^m 15^s,0$ | | $20^h 12^m 36^s,0$ | |
| | $E_v$ = $11^h 44^m 03^s,7$ | | $11^h 44^m 03^s,7$ | | $11^h 44^m 03^s,7$ | |
| | Tmg = $19^h 49^m 22^s,5$ | | $19^h 52^m 18^s,7$ | | $19^h 56^m 39^s,7$ | |
| | G = $1^h 00^m 08^s,0$ O. | | $1^h 00^m 08^s,0$ | | $1^h 00^m 08^s,0$ | |
| | Tmp = $20^h 49^m 30^s,5$ | | $20^h 52^m 26^s,7$ | | $20^h 56^m 47^s,7$ | |
| | A = $8^h 50^m 48^s,5$ | | $8^h 53^m 46^s,5$ | | $8^h 58^m 09^s,1$ | |
| | Tmp — A = $11^h 58^m 42^s,0$ | | $11^h 58^m 40^s,2$ | | $11^h 58^m 38^s,6$ | |

| | | |
|---|---|---|
| 1er État | $11^h 58^m 42^s$ | à $20^h 49^m 30^s,5$ |
| 2e — | $11^h 58^m 40^s,2$ | à $20^h 52^m 26^s,7$ |
| 3e — | $11^h 58^m 38^s,6$ | à $20^h 56^m 47^s,7$ |
| Somme = | $35^h 56^m 00^s,8$ | Somme $62^h 38^m 44^s,9$ |
| Moyenne $(Tmp - A)_1$ = | $11^h 58^m 40^s,3$ | à Tmp = $20^h 52^m 55^s$ le 25 octobre. |

**Calcul de la marche diurne.**

Le 1er nov. $(Tmp - A)_2 = 11^h 58^m 22^s,1$ à $21^h$
Le 25 oct. $(Tmp - A)_1 = 11^h 58^m 40^s,3$ à $20^h 53^m$

Variation des États = $18^s,2$ en 7 jours environ.

$$\text{Marche diurne} = \frac{\text{Variat. des États}}{\text{Nombre de jours}} = \frac{18^s,2}{7} = +\ 2^s,6 \text{ (Avance).}$$

La marche a le signe + (Avance), parce que l'état absolu (Retard) a été en diminuant.

**Calcul de l'État absolu à midi moyen.**

$(Tmp - A)_2 = 11^h 58^m 22^s,1$ à $21^h$ le 1er novembre.
pp. pr ($24^h$ — Tmp) = — $0^s,3$
(signe contr.)
$(Tmp - A)_0 = 11^h 58^m 21^s,8$ à $0^h$ le 2 novembre.

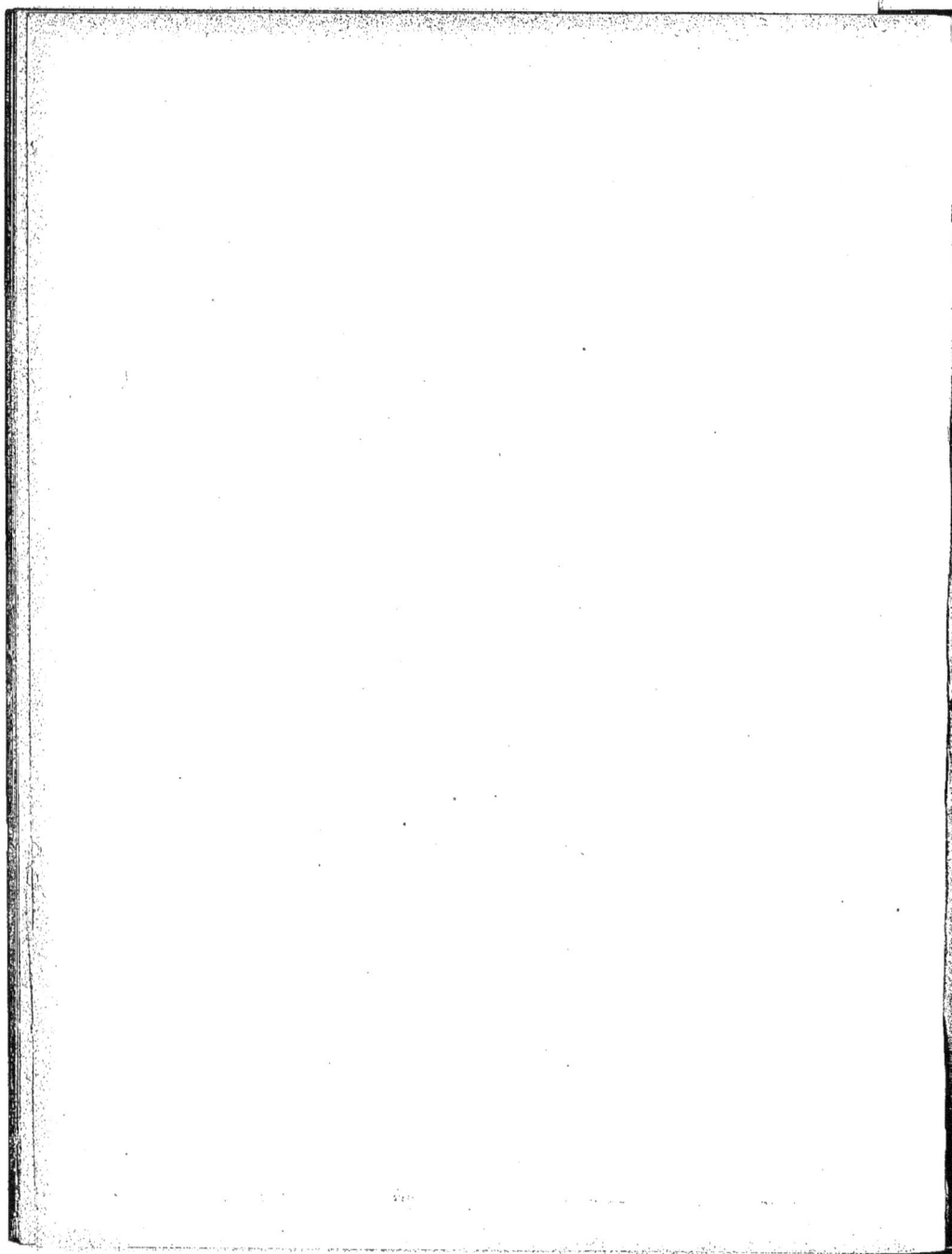

# FEUILLE VI

## RÉGLER UN CHRONOMÈTRE PAR SA COMPARAISON A UNE PENDULE RÉGLÉE OU A UN SIGNAL HORAIRE

Dans le calcul de

$$A = M + A' - M' + \frac{[(A'' - M'') - (A' - M')](M - M')}{M'' - M'},$$

on doit arrondir $M - M'$ et $M'' - M'$ à la minute.

Si la différence $(A'' - M'') - (A' - M')$ n'est que de $1^s$ ou $2^s$, on pourra même évaluer, *à vue*, la fraction $\frac{M - M'}{M'' - M'}$, par laquelle il faut la multiplier.

Feuille VI.

## (312, 316) RÉGLER UN CHRONOMÈTRE PAR SA COMPARAISON A UNE PENDULE RÉGLÉE

1° Le 12 mai, à $0^h$ temps moyen de Paris, la pendule d'un observatoire situé par une longitude $G = 43°51'$E. a pour état absolu $Tmp - P = 0^h 05^m 25^s,67$ et pour marche diurne $+ 0^s,2$ (Avance) [1].

Voulant régler le chronomètre d'un navire en rade, on a pris, le 15 mai, les comparaisons suivantes :

| 1re Comp. à bord. | 2e Comp. à terre. | 2e Comp. à bord. |
|---|---|---|
| $A' = 3^h 25^m 09^s$ | Pendule $P = 6^h 33^m 00^s$ | $A'' = 4^h 29^m 14^s$ |
| $M' = 7^h 39^m 00^s$ | $M = 8^h 06^m\ 3^s,5$ | $M'' = 8^h 43^m 00^s$ |

Il était environ $9^h 30^m$ du matin, lors de la comparaison à terre.

Calculer l'état absolu $(Tmp - A)_1$ au moment de la comp. à terre.

2° Le 18 mai des comparaisons du même genre ont donné :

$$(Tmp - A)_2 = 2^h 46^m 21^s,6 \text{ à } Tmp = 3^h 06^m 13^s.$$

On demande la marche diurne du chronomètre et son état absolu $Tmp - A$ le 18 mai à $0^h$ temps moyen de Paris.

**Calcul de** $A = M + A' - M' + \dfrac{[(A'' - M'') - (A' - M')]\,(M - M')}{M'' - M'}$

$A'' - M'' = 7^h 46^m 14^s$
$A' - M' = 7^h 46^m 09^s$
$(A'' - M'') - (A' - M') = 5^s$

$M = 8^h 06^m$
$M' = 7^h 39^m$
$M - M' = 0^h 27^m$

$M'' = 8^h 43^m$
$M' = 7^h 39^m$
$M'' - M' = 1^h 04^m$
$M'' - M' = 64^m$

$[(A'' - M'') - (A' - M')] \times (M - M') = 5^s \times 27 = 135^s$

fraction $= \dfrac{135^s}{64} = 2^s,1$ ;

$A' - M' +$ fraction $= 7^h 46^m 11^s,1$
$M = 8^h 06^m\ 3^s,5$
Somme $A = 3^h 52^m 14^s,6$

**Calcul de Tmp et de (Tmp — A)₁.**

Tmg appr. $= 21^h 30^m$ le 14.
$G = 2^h 55^m$ E.
Tvp appr. $= 18^h 35^m$ le 14.

Le 12 mai à $0^h$ $Tmp - P = 0^h 05^m 25^s 67$
Du 12 au 14. Variat. $= - 0^s,4$
A $0^h$ le 14, $Tmp - P = 0^h 05^m 25^s,27$
$P = 6^h 33^m 00^s$
Tmp appr. $= 18^h 38^m 25^s,27$
pp. marche signe contr. $= - 0^s,15$
$Tmp = 18^h 38^m 25^s,12$ le 14.
$A = 3^h 52^m 14^s,6$
$(Tmp - A)_1 = 2^h 46^m 10^s,52$ [2]

**Calcul de la marche et de (Tmp — A).**

$(Tmp - A)_2 = 2^h 46^m 21^s,6$ le 18 à $3^h 06^m 13^s$
$(Tmp - A)_1 = 2^h 46^m 10^s,52$ le 14 à $18^h 38^m 25^s$
Variat. des états $= 11^s,08$ en 3 jours $+ 8^h 27^m 48^s$
ou en 3 jours $+ 0^j,35$ { T. XLVIII Caillet.

Marche $= \dfrac{11^s,08}{3,35} = - 3^s,31$ (Retard).

La marche est — (Retard), puisque l'État (Retard) augmente.

**Calcul de (Tmp — A) à 0h.**

$(Tmp - A)_2 = 2^h 46^m 21^s,6$ à $3^h 06^m$
pp. pr $3^h 06^m = - 0^s,4$
même signe.
$(Tmp - A) = 2^h 46^m 21^s,2$ à $0^h$ le 18 mai.

---

1. Rappelons que, dans les observatoires, on emploie des états absolus *Avance* ou *Retard* et que les marches sont données presque toujours sous la désignation de marche *avance* ou marche *retard*, sans signe. Nous avons indiqué (306) la signification de ces expressions.
2. On retranche $12^h$ à la différence Tmp — A si elle est plus grande que $12^h$.

## (313) RÉGLER UN CHRONOMÈTRE PAR SA COMPARAISON A UN SIGNAL HORAIRE

Le 14 mai à $1^h 09^m 21^s$ temps moyen de Paris, instant de la chute du signal horaire de *Greenwich*, on a lu sur le chronomètre $A_1 = 1^h 27^m 32^s,4$; six jours après, au même instant, on a lu sur le chronomètre $A_2 = 1^h 27^m 48^s,8$.

Déterminer la marche diurne du chronomètre et son état absolu (Tmp — A) au midi moyen de Paris qui précède la seconde observation.

**Calcul de la marche.**

$\text{Tmp} = 1^h 09^m 21^s$ [1]
$A_1 = 1^h 27^m 32^s,4$
$(\text{Tmp} - A)_1 = 11^h 41^m 48^s,6$

$\text{Tmp} = 1^h 09^m 21^s$ [1]
$A_2 = 1^h 27^m 48^s,8$
$(\text{Tmp} - A)_2 = 11^h 41^m 32^s,2$

Variation des États $= 16^s,4$

$$\text{Marche} = \frac{16^s,4}{6} = +\ 2^s,73 \text{ (Avance)}$$

L'État (Retard) diminue, la marche est + (Avance)

**Calcul de l'État Tmp — A.**

$(\text{Tmp} - A)_2 = 11^h 41^m 32^s 2$
pp. p$^r$ $1^h 09^m 21^s$ même signe $= +\ 0^s,1$
A $0^h$ Paris le 20 Tmp — A $= 11^h 41^m 32^s 3$

(319). **Problème.** — Le 17 avril, au moment des circonstances favorables au calcul d'heure, une observation a donné :

$$\text{Tmg} = 20^h 03^m 09^s \qquad A = 7^h 13^m 08^s$$

Environ $3^h$ après, le changement en longitude du navire étant $g = 30'$ E., on lit sur le chronomètre une deuxième heure $A' = 10^h 14^m 37^s$.

On sait, d'ailleurs, que l'état absolu du chronomètre, à $0^h$ de Paris le 17 avril, est $\text{Tmp} - A = 0^h 15^m 21^s$, marche $a = +\ 8^s,0$ (Avance), et que la longitude, déduite de l'heure Tmg et de A, est $G' = 8^\circ 41' 42'',5$ E.

Déterminer l'heure moyenne T'mg' du bord, correspondant à l'heure A' du chronomètre.

**1re Méthode.**

| | |
|---|---|
| A' = | $10^h 14^m 37^s$ |
| A = | $7^h 13^m 08^s$ |
| Intervalle A' — A = | $3^h 01^m 29^s$ |
| pp. signe contr. marche } = — | $1^s$ |
| Intervalle moyen = | $3^h 01^m 28^s$ |
| Tmg = | $20^h 03^m 09^s$ |
| Tmg + Interv. moy. = | $23^h 04^m 37^s$ |
| g = + | $2^m$ E. |
| T'mg' = | $23^h 06^m 37^s$ |

**2e Méthode.**

| | |
|---|---|
| A = | $7^h 13^m 08^s$ |
| Tmp — A = | $0^h 15^m 21^s$ |
| Tmp appr. = | $19^h 28^m 29^s$ |
| pp. signe contr. = — | $6^s,5$ |
| Tmp = | $19^h 28^m 22^s,5$ |
| G' = | $8^\circ 41' 42'',5$ E. |
| g = | $30'$ E. |
| $G'_1$ = | $9^\circ 11' 42'',5$ E. |
| $G'_1$ = | $0^h 36^m 46^s,5$ E. |

| | |
|---|---|
| A' = | $10^h 14^m 37^s$ |
| Tmp — A = | $0^h 15^m 21^s$ |
| Tmp appr. = | $22^h 29^m 58^s$ |
| pp. signe contr. = — | $7^s,5$ |
| T'mp = | $22^h 29^m 50^s,5$ |
| $G'_1$ = | $0^h 36^m 46^s,5$ E. |
| T'mg' = | $23^h 06^m 37^s,0$ |

La deuxième méthode paraît plus longue, mais en réalité elle est plus courte et plus sûre; dans la pratique, en effet, on sera toujours amené à calculer Tmp, G', $G'_1$ et souvent T'mp *quelle que soit la méthode employée*.

On obtiendra, par suite, T'mg' sans faire un nouveau calcul, en se servant du deuxième procédé.

1. On a ajouté $12^h$ pour rendre la soustraction possible.

# FEUILLE VII

## CALCULS DE LATITUDE

*Latitude méridienne* $= \pm$ *Distance zénithale* $\pm$ *Déclinaison.*

La distance zénithale prend le nom du pôle auquel on tourne le dos pendant l'observation.

On ajoute la distance zénithale et la déclinaison, si elles sont de même nom ; on les retranche si elles sont de noms contraires, et on donne à la latitude le nom de la plus grande.

*Latitude par la polaire* $=$ Hv Polaire $- \Delta \cos P$.

La correction s'ajoute à la hauteur si $P > 6^h$ ; elle se retranche si $P < 6^h$.

*Formules relatives au calcul de la latitude par deux circumméridiennes.*

1° Les deux circumméridiennes ont été observées avant midi :

$$M_1 < M_0 \text{ et } M_2 < M_0 ;\ P_1 + P_2 = \frac{H_2 - H_1}{\alpha (M_2 - M_1)} ;\ P_1 - P_2 = M_2 - M_1.$$

2° Les deux circumméridiennes ont été observées après midi :

$$M_1 > M_0 \text{ et } M_2 > M_0 ;\ P_1 + P_2 = \frac{H_1 - H_2}{\alpha (M_2 - M_1)} ;\ P_2 - P_1 = M_2 - M_1.$$

3° L'une des circumméridiennes est observée avant midi, l'autre après :

$$M_1 < M_0 \text{ et } M_2 > M_0 ;\ P_1 - P_2 = \frac{H_2 - H_1}{\alpha (M_2 - M_1)} \text{ si } H_2 > H_1 \text{ et } P_2 - P_1 = \frac{H_1 - H_2}{\alpha (M_2 - M_1)} \text{ si } H_1 > H_2 ;\ P_1 + P_2 = M_2 - M_1.$$

On a, dans les trois cas :

$$\text{Hi méridienne} = \frac{Hi_1 + Hi_2}{2} + \alpha \times \frac{P_1^2 + P_2^2}{2}.$$

Feuille VII.

# CALCULS DE LATITUDE

## PAR LA HAUTEUR MÉRIDIENNE

### SOLEIL

(331). — Le 7 octobre, par une longitude $G_e = 51°52'45''$ Est, on a observé face au Nord la hauteur méridienne du soleil Hi ☉ $= 51°52'50''$, erreur instrumentale $\varepsilon = -30''$. Élév. œil $6^m,5$.
Déterminer la latitude du lieu d'observation.

| | |
|---|---|
| Tvg = | $24^h 00^m 00^s$ le 6 octobre. |
| $G_e = -$ | $3^h 37^m 31^s$ E |
| Tvp = | $20^h 32^m 29^s$ le 6 octobre. |

**Déclinaison.**

D à $0^h$ vraie le 6 $= 5°06'29'',8$
$57'',59 \times 20,54 = \quad \underline{19'13''}$
D à Tvp $= 5°25'43''$ Sud.

| | |
|---|---|
| Hi ☉ = | $51°52'50''$ |
| $\varepsilon = -$ | $30''$ |
| Ho ☉ = | $51°52'20''$ |
| Caillet T. E = | $11'00''$ |
| Hv ☉ = | $52°03'20''$ |
| $90 - $ Hv ☉ = | $37°56'40''$ Sud |
| D = | $5°25'43''$ Sud |
| Latitude = | $43°22'23''$ Sud. |

### LUNE

(331). — Dans la matinée du 26 octobre, par une longitude $G_e = 101°21'15''$ E., on a observé face au Sud Hi ☾ $= 52°13'45''$; $\varepsilon = -15''$; Élév. œil $3^m,8$.
Déterminer la latitude du lieu d'observation.

| | |
|---|---|
| Hi ☾ = | $52°13'45''$ |
| $\varepsilon = -$ | $15''$ |
| Ho ☾ = | $52°13'30''$ |
| Caillet T. XV Dép = $-$ | $3'27''$ |
| Har ☾ = | $52°10'03''$ |
| Caillet T. XXVIII ($\varpi - Rm$) $= +$ | $32'50''$ |
| Hv ☾ = | $52°42'53''$ |
| $d$ ☾ $= +$ | $14'56''$ |
| Hv ☽ = | $52°57'49''$ |

| | |
|---|---|
| $G_e$ en temps $= 6^h 45^m 25^s$ E $= 17^h 14^m 35^s$ Ouest. | |
| Décl. p$^r$ passage au méridien de $17^h$ le 25 = | $20°16'15''$ |
| $9'',52 \times 14,6 = -$ | $2'09''$ |
| Déclinaison au passage dans le lieu, D = | $20°14'06''$ N. |
| Parallaxe équatoriale П = | $54'44''$ |
| Demi-diam. horizontal $d =$ | $14'56''$ |
| $90 -$ Hv $= 37°02'11''$ N. | |
| D $= 20°14'06''$ N. | |
| Latitude $= 57°16'17''$ N. | |

**Feuille VII.**

## ÉTOILE

(331). — Le 15 février, vers $10^h 43^m$ du soir, par une longitude $G_e = 20°19'$ E., on a observé face au Sud Hi ✳ β *Petit Chien* méridienne $= 55°46'40''$ ; $\varepsilon = -1'20''$. Élév. œil $5^m$.

On demande la latitude du lieu d'observation.

---

| | |
|---|---|
| Hi ✳ = 55°46′40″ | 90 — Hv = 34°19′17″ N. |
| ε = — 1′20″ | Déclinaison ✳ = 8°30′30″ N. |
| Ho ✳ = 55°45′20″ | Latitude = 42°49′47″ N. |
| Caillet T. XV. Dép = — 3′58″ | |
| Har = 55°41′22″ | |
| Caillet T. XVI. Rm = — 39″ | |
| Hv ✳ = 55°40′43″ | |

---

(337)

### LATITUDE PAR LA POLAIRE

Le 12 janvier, vers $2^h 56^m$ du matin, par { $L_e = 38°45'$ N. ; $G_e = 2°49'$ O. } on a observé { Hi *Polaire* $= 37°56'$ ; $\varepsilon = +30''$ ; Élév. œil $4^m$ }

Déterminer la latitude du lieu d'observation.

---

**Méthode de la « Connaissance des Temps ».**

Hi ✳ = 37°56′00″
ε = + 30″
Ho ✳ = 37°56′30″
Dep = — 3′33″ T. XV Caillet.
Ha ✳ = 37°52′57″
Rm = — 1′14″ T. XVI Caillet.
Hv ✳ = 37°51′43″

Tvg = $14^h 56^m$ le 11.
$G_e$ = + $11^m$ O.
Tvp = $15^h 07^m$ le 11.

Table I de la Polaire, *C. des Temps.* } Æv — Æa = $18^h 14^m$
Tvg = $14^h 56^m$
Tvg + Æv — Æa = Tag = $9^h 10^m$ [1]
Table III de la Polaire, *C. des Temps* avec Tag } Δ cos P = + 0°56′11″ [2]
Hv ✳ = 37°51′43″
Latitude = 38°47′54″ N.

---

**Méthode de la Table de point.**

Tvg = $14^h 56^m$ le 11.
à vue Æv = + $19^h 32^m$
Tsg = $10^h 28^m$ [1]
Æ ✳ = — $1^h 19^m$.
Tag = $9^h 09^m$
P = $9^h 09^m$ = 137°15′

Caillet T. IV, avec { Angle de route = 180 — P = 42°45′ ; Δ Polaire = 1°16′07 = 76′,1 } on lit, col. NS, Δ cos P = 0°56′
Hv ✳ = 37°51′43″
Correction (— Δ cos P) = + 56′ [3]
Latitude = 38°47′43″ Nord

---

1. On a retranché $24^h$ à la somme.
2. La correction est additive parce que Tag est compris entre $6^h$ et $18^h$.
3. On sait que $L = Hv - \Delta \cos P$ ; ici $P > 6^h$, d'où cos P négatif et par suite $(-\Delta \cos P)$ positif.

**Feuille VII** (*suite*).

## (335) LATITUDE PAR DEUX HAUTEURS CIRCUMMÉRIDIENNES DU SOLEIL SANS RECTIFICATION PRÉALABLE DE LA LONGITUDE

Le 25 octobre à $11^h$ du matin, par $\left\{\begin{array}{l} L_e = 38°36' N. \\ G_e = 16°46' E. \end{array}\right\}$, le loch de $11^h$ étant $8^n,6$ et la route N. 64 O. vrai, on se propose d'observer des circumméridiennes de soleil. L'observateur étant monté sur le pont en temps voulu, a pris les hauteurs suivantes face au Sud :

$\left.\begin{array}{l} Hi_1 \odot = 38°46'20'' \\ Hi_2 \odot = 38°48'50'' \end{array}\right\}$ aux heures du compteur $\left\{\begin{array}{l} M_1 = 7^h09^m30^s \\ M_2 = 7^h12^m24^s \end{array}\right.$ $\begin{array}{l} Tmp - A = 2^h27^m13^s \\ A - M = 1^h45^m10^s \end{array}$ $\begin{array}{l} \varepsilon = -3'30'' \\ \text{Élév. œil} = 4^m \end{array}$

Déterminer la latitude.

---

**Point estimé à midi.**

| V. | m. | N. | O. | |
|---|---|---|---|---|
| N. 64 O. | 8,6 | 3,8 | 7,7 | $g = 9,9$ |

$L_e = 38°36'00''$ N. $G_e = 16°46'00''$ E.
$l = 3'48''$ N. $g = 9'54''$ O.
$L'_e = 38°39'48''$ N. $G' = 16°36'06''$ E.

**Calcul de $\alpha$.**

Caillet T. A avec $\left\{\begin{array}{l} D = 12° \text{ Sud} \\ L'_e = 38°39' N. \end{array}\right\}$ $\alpha = 1'',94$

Angle limite $Pl = 43^m$ (Voir n° 336).
$M_0 - Pl = 6^h42^m$ ; $M_0 + Pl = 8^h08^m$

**Heure approchée du compteur à midi vrai $M_0$.**

$Tvg = 24^h00^m00^s$ le 24.
$G'_e = -\ 1^h07^m04^s$ E.
$Tvp = 23^m52^h56^s$ le 24.
$Ev = +\ 11^h44^m09^s$
$Tmp = 23^h27^m05^s$
$Tmp - A = -\ 2^h27^m13^s$
$A = 21^h09^m52^s$
$A - M = -\ 1^h45^m10^s$
$M_0 = 7^h24^m42^s$

**Éléments de la « C. des T. »**

D à $0^h$ le 25 $= 12°05'56'',9$
$p^r\ (24^h - Tvp) = -\ 6''$
à Tvp, $D = 12°05'51''$ Sud.

$Ev$ à $0^h$ le 25 $= 11^h44^m09^s,33$
$p^r\ (24^h - Tvp) = 0^s,02$
à Tvp, $Ev = 11^h44^m09^s35$

**Calcul de la correction $\alpha\ P_m^2$.**

$Hi_1 = 38°46'20''$ $M_1 = 7^h09^m30^s$
$Hi_2 = 38°48'50''$ $M_2 = 7^h12^m24^s$
$Hi_2 - Hi_1 = 2'30''$ $M_2 - M_1 = 2^m54^s = 2^m,9$
En secondes $= 150''$

$$P_1 + P_2 = \frac{Hi_2 - Hi_1}{M_2 - M_1} = \frac{150''}{1,94 \times 2,9} = 26^m,64 \text{ [1]}$$

$$\frac{P_1 + P_2}{2} = 13^m,32$$

$$\frac{P_1 - P_2}{2} = 1^m,45$$

Somme ou $P_1 = 14^m,77$ $P_1^2 = 219$
Différence ou $P_2 = 11^m,87$ $P_2^2 = 141$

$$P_1^2 + P_2^2 = 360$$

$$P_m^2 = \frac{P_1^2 + P_2^2}{2} = 180$$

$$\alpha \times P_m^2 = 349'',2 = 5'49''$$

**Calcul de la hauteur méridienne et de la Latitude.**

$Hi_1 = 38°46'20''$
$Hi_2 = 38°48'50''$
Somme $= 77°35'10''$
1/2 somme $= 38°47'45''$
$\alpha \times P_m^2 = 5'49''$
Hauteur méridienne $Hi\,m \odot = 38°53'24''$
$\varepsilon = -\ 3'30''$
$Ho\,m \odot = 38°49'54''$
Table E $= 11'30''$
$Hv \ominus = 39°01'24''$

$90 - Hv \ominus = 50°58'36''$ Nord.
$D = 12°05'51''$ Sud.
Latitude $= 38°52'45''$ Nord.

---

1. Le quotient étant plus grand que $M_2 - M_1 = 2^m,9$ représente bien $P_1 + P_2$ ; les 2 circumméridiennes ont donc été observées du même côté du méridien et avant midi puisque $Hi_2 > Hi_1$. D'ailleurs, on a $M_0 > M_2$.

# FEUILLE VIII

## CALCULS DE VARIATIONS ET DE DÉVIATIONS

Formules principales :

$$\cos\frac{Zv}{2} = \sqrt{\frac{\cos S \cos(S - \Delta)}{\cos L_e \cos Hv}}.$$

L'azimut prend toujours le nom de la latitude ; il est Est si Tag > $12^h$, et Ouest si Tag < $12^h$.

*Variation* = *Azimut vrai* Zv — *Relèvement au compas* Zc.

Pour trouver le nom de la variation, on se suppose placé au centre de la rose, faisant face au relèvement au compas ; si la graduation qui correspond à l'azimut vrai est à gauche du relèvement au compas, la variation est N.-O. ; elle sera N.-E. dans le cas contraire.

| | | | | |
|---|---|---|---|---|
| Relèv$^t$ magnétique | = | Relèv$^t$ au compas | + | Déviation. |
| Cap — | = | Cap — | + | — |
| Relèv$^t$ vrai | = | Relèv$^t$ magnétique | + | Déclinaison. |
| Variation | = | Déclinaison | + | Déviation. |

Feuille VIII.

# CALCULS DE VARIATIONS

(347, 405)

## VARIATION PAR LA HAUTEUR D'UN ASTRE

Le 12 juin, vers $8^h05^m$ du matin, par $\left\{ \begin{array}{l} L_e = 38°40' N. \\ G_e = 35°29' E. \end{array} \right\}$ on a observé :

Hi ☉ = 38° 01′ 15″ — Erreur instr. ε = + 0′ 30″

Relèv. compas Zc = S. 85 E. — Élév. œil = $3^m,5$

On demande la variation du compas.

**Calcul de Tvp appr.**

Tvg = $20^h 05^m$ le 11 juin.
$G_e$ = — $2^h 22^m$ E

Tvp = $17^h 43^m$ le 11 juin.

**Déclinaison D.**

D à $0^h$ le 11 = 23° 05′ 39″,9
10″,02 × 17,72 = 2′ 57″,5

D à Tmp = 23° 08′ 37″,4
Δ = 66° 51′ 22″,6

**Hauteur vraie.**

Hi ☉ = 38° 01′ 15″
+ 30″

Ho ☉ = 38° 01′ 45″
Caillet Table E = 11′ 30″

Hv ☉ = 38° 13′ 15″

**Azimut et Variation.**

$$\cos \frac{Zv}{2} = \sqrt{\frac{\cos S \cos (S - \Delta)}{\cos L_e \cos Hv}}$$

| | | | |
|---|---|---|---|
| Δ = | 66° 51′ | | |
| $L_e$ = | 38° 40′ | colog cos = | 0,1075 |
| Hv = | 38° 13′ | colog cos = | 0,1048 |
| 2S = | 143° 44 | | |
| S = | 71° 52′ | log cos = | $\bar{1}$,4930 |
| S — Δ = | 5° 01′ | log cos = | $\bar{1}$,9983 |

$2 \log \cos \frac{Zv}{2} = \bar{1},7036$

$\log \cos \frac{Zv}{2} = \bar{1},8518$

$\frac{Zv}{2} = 44° 42'$

Zv = N. 89° 24′ E.
+ Zv = + 89° 24′
— Zc = — 95°

Variation = Zv — Zc = — 5° 36′

Pour aller du Relèv. au compas S. 85 E. ou N. 95 E. au relèv. vrai N. 89° 24′ E., il faut tourner sur la *gauche ;* la variation est N.-O.

Variation = — 5° 36′ ou 5° 36′ N. O.

(348, 405)

## VARIATION PAR L'AMPLITUDE DU SOLEIL

Le 13 mars, vers $6^h 10^m$ du matin, le point estimé étant $\left\{ \begin{array}{l} L_e = 31° 15' N. \\ G_e = 17° 51' O. \end{array} \right\}$ on a relevé le centre du soleil au S. 82 E. du compas, lorsqu'il était à son lever vrai.

Déterminer la variation du compas.

Tvg = $18^h 10^m$ le 12.
G = $1^h 11^m$ O.

Tvp = $19^h 21^m$ le 12.

Déclinaison (à vue) = 3° Sud.

T. XXVII Caillet, avec $\left\{ \begin{array}{l} D = 3° \\ L_e = 31° \end{array} \right\}$ amplitude E. 3°,4 S.

Relèv. vrai = — S. 86°,6 E. = Zv
— Relèv. compas = + S. 83° E. = — Zc

Variation = Zv — Zc = — 3°,6 (N.-O.).

L'amplitude se compte de l'Est, le matin, et de l'Ouest, le soir ; elle porte, en outre, le nom de la déclinaison.

Pour aller du Relèv. compas S. 83 E. au Relèv. vrai S. 86°,6 E. il faut tourner vers la gauche ; la variation est donc N.-O.

Feuille VIII.

VARIATION PAR L'HEURE DU BORD

(350, 405)

TABLES DE LABROSSE

SOLEIL

Le 3 octobre, à $7^h 16^m$ du matin, temps vrai, par $\left\{ \begin{array}{l} L_e = 39°49' N. \\ G_e = 42°58' O. \end{array} \right\}$ on a relevé le centre du soleil au S. 84 E. du compas.

Déterminer la variation du compas.

$$D \text{ (à vue)} = 4° \text{ Sud} \qquad \Delta = 94°$$

$$\text{Tables de Labrosse avec} \left\{ \begin{array}{l} 7^h 16^m \\ L_e = 40° \\ \Delta = 94° \end{array} \right. \qquad \begin{array}{l} Zv = N.\ 105°,5\ E. \\ \text{ou } S.\ \ 74°,5\ E. \end{array}$$

$$\begin{array}{rl} Zv = & -\ S.\ 74°,5\ E. \\ -\ Zc = & +\ S.\ 84°\ \ E. \\ \text{Variation} = Zv - Zc = & +\ \ 9°,5\ (N\,E) \end{array}$$

(350, 405)

LUNE

Le 2 mai, vers $9^h$ du matin, temps vrai, le point estimé étant $\left\{ \begin{array}{l} L_e = 45°45' N. \\ G_e = 10°15' O. \end{array} \right\}$ on a relevé la lune au S. 19 O. du compas.

Déterminer la variation du compas.

$$\begin{array}{rl} Tvg = & 21^h 00^m \text{ le } 1^{er} \text{ mai.} \\ G_e = + & 0^h 41^m\ O. \\ Tvp = & 21^h 41^m \text{ le } 1^{er} \text{ mai.} \\ Ev = & 11^h 57^m \\ Tmp = & 21^h 38^m \text{ [1] le } 1^{er} \text{ mai.} \end{array}$$

Calcul de P☾.

$$\begin{array}{rl} \text{Le } 1^{er} \text{ mai } \mathcal{R}m = & 2^h 36^m 29^s \\ \text{T. VI p}^r\ Tmp = & 3^m 33^s \\ Tmg \left\{ \begin{array}{l} Tvg = \\ Ev = \end{array} \right. & \begin{array}{l} 21^h 00^m 00^s \\ 11^h 57^m 00^s \end{array} \\ Tmg + \mathcal{R}m = Tsg = & 23^h 37^m 02^s \text{ [1]} \\ \mathcal{R}☾ = & -\ 21^h 46^m 17^s \\ T☾g = & 1^h 50^m 45^s \\ P☾ = & 1^h 50^m 45^s \\ 12^h - P☾ = & 10^h 09^m \end{array}$$

$$\begin{array}{rl} \mathcal{R}☾ \text{ (à vue)} = & 21^h 46^m 17^s \\ D \text{ (à vue)} = & 18°51' \\ \Delta = & 108°51' \end{array}$$

$$\text{Tables de Labrosse avec} \left\{ \begin{array}{l} 12^h - P☾ = 10^h 09^m \\ L_e = 45°45' \\ \Delta = 108°51' \end{array} \right\} \begin{array}{l} Zv = N.\ 152\ O. \text{ [2]} \\ \text{ou } S.\ 28\ O. \end{array}$$

$$\begin{array}{rl} Zv = & +\ S.\ 28\ O. \\ -\ Zc = & -\ S.\ 19\ O. \\ \text{Variation } Zv - Zc = & +\ \ 9°\ (N.\text{-}E.). \end{array}$$

1. Ev étant plus grande que $11^h$, on a retranché $12^h$ à la somme.

2. L'azimut vrai est Ouest parce que $T☾g < 12^h$.

**Feuille VIII** (*suite*).

## CALCULS DE VARIATIONS (*Suite*)

**(350, 405)** VARIATION PAR L'HEURE DU BORD (*Suite*)

TABLES DE LABROSSE

### ÉTOILE

Le 12 mai, vers 11h 56m du soir, le point estimé étant $\left\{ \begin{array}{l} L_e = 40^\circ 08' \text{ N.} \\ G_e = 54^\circ 45' \text{ E.} \end{array} \right\}$ on a relevé *Altaïr* (*α aigle*) au N. 84 E. du compas.

Déterminer la variation du compas.

Tvg = 11h 56m le 12.
$G_e$ = — 3h 39m E.
Tvp = 8h 17m le 12.
à vue Æv = 3h 18m
Tvg = 11h 56m
Tvg + Æv = Tsg = 15h 14m [2]
Æ ✳ = — 19h 45m
Tsg — Æ✳ = Tag = 19h 29m
24h — Tag = Pa = 4h 31m
12h — Pa = 7h 29m

Æ ✳ = 19h 45m 28s,6
D ✳ = 8° 34′ 41″ N.
Δ = 81° 25′ 19″

Tables de Labrosse avec $\left\{ \begin{array}{l} 12^h - Pa = 7^h 29^m \\ L_e = 40^\circ 08' \\ \Delta = 81^\circ 25' \end{array} \right\}$ Zv = N. 98 E.[1] ou S. 82 E.

Zv = + N. 98 E.
— Zc = — N. 84 E.
Variation Zv — Zc = + 14° (N.-E.)

---

**(351, 405)** VARIATION PAR LA POLAIRE

Le 14 juillet, vers 10h 30m du soir, temps vrai, le point estimé étant $\left\{ \begin{array}{l} L_e = 19^\circ 06' \text{ N.} \\ G_e = 28^\circ 32' \text{ E.} \end{array} \right\}$ on a relevé la Polaire au N. 19 O. du compas.

Déterminer la variation du compas.

Tvg = 10h 30m le 14.
$G_e$ = 1h 54m E.
Tvp = 8h 36m le 14.

Tvg = 10h 30m
(Æv — Æa)
T. I de la Polaire pour le 14 juillet à 9h (à vue) } 6h 16m [3]
Tvg + (Æv — Æa) = Tag = 16h 46m

Tables des azimuts de la Polaire avec $\left\{ \begin{array}{l} Tag = 16^h 46^m \\ L_e = 19^h 06^m \end{array} \right\}$
Zv = + N. 1° 16′ E.[4]
— Zc = + N. 19° O.
Variation = + 20° 16′ N.-E.

---

1. L'azimut vrai est Est puisque Tag > 12h.
2. On ajoute 24h à Tsg pour rendre la soustraction possible.
3. Dans la *Connaissance des Temps* Æv — Æa est désignée par *a*, Tag par S et $L_e$ par φ.
4. L'azimut vrai de la Polaire est toujours Nord; il est Est dans cet exemple parce que Tag > 12h.

(410) VARIATION PAR L'AZIMUT VRAI D'UN OBJET TERRESTRE

Le 18 juin, à $9^h 22^m$ du matin, temps moyen, par $\left\{\begin{array}{l} L = 30°20' \text{ N.} \\ G = 23°16' \text{ O.}\end{array}\right\}$ on a observé simultanément :

Hi ⊙ = 53°55′00″
*hi* objet = 2°16′00″
Dist. de l'objet au bord voisin du soleil Dsi = 121°21′

L'erreur instr. $\varepsilon = -2'$, l'élév. de l'œil $= 4^m,5$. L'objet *à gauche* du soleil a été relevé au N. 55 O. du compas.

Déterminer l'azimut vrai de l'objet et la variation du compas.

**Tmp.**

Tmg = $21^h 22^m 00^s$ le 17
G = $1^h 33^m 04^s$ O.
Tmp = $22^h 55^m 04^s$ le 17.

**Déclinaison.**

D à $0^h$ moy. le 17 = 23°23′33″,7
pp. = + 1′28″,2
à Tmp. D = 23°25′02″ N.

**Har ⊖ et Hv ⊖.**

Hi ⊙ = 53°55′
ε = — 2′
Ho ⊙ = 53°53′
Dép = — 4′
Har ⊙ = 53°49′
*d* = 16′ [1]
Har ⊖ = 54°05′
*Rm* = — 1′
Hv ⊖ = 54°04′

**har objet.**

*hi* objet = 2°16′
ε = — 2′
*ho* = 2°14′
Dép = — 4′
*har* = 2°10′

**Dsa. Distance apparente**

Dsi = 121°21′
ε = — 2′
Dso = 121°19′
*d* = 16′ [1]
Dsa = 121°35′

**Calcul de Zv ⊙.**

$$\cos\frac{Zv}{2} = \sqrt{\frac{\cos S \cos (S-\Delta)}{\cos L \cos Hv}}.$$

Δ = 66°35′
L = 30°20′ colog cos = 0,0639
Hv = 54°04′ colog cos = 0,2315
2S = 150°59′
S = 75°30′ log cos = $\bar{1}$,3986
S — Δ = 8°55′ log cos = $\bar{1}$,9947

$2 \log \cos \frac{Zv}{2} = \bar{1},6887$

$\log \cos \frac{Zv}{2} = \bar{1},8444$

$\frac{Zv}{2} = 45°40'$

Zv = N. 91°20′ E.

**Calcul de la différence d'azimut z.**

$$\cos\frac{z}{2} = \sqrt{\frac{\cos s \cos (s-\text{Dsa})}{\cos \text{Har} \ominus \cos har}}.$$

Dsa = 121°35′
Har ⊖ = 54°05′ colog cos = 0,2317
*har* = 2°10′ colog cos = 0,0003
2*s* = 177°50′
*s* = 88°55′ log cos = $\bar{2}$,2766
[2](Dsa — *s*) = 32°40′ log cos = $\bar{1}$,9252

$2 \log \cos \frac{z}{2} = \bar{2},4338$

$\log \cos \frac{z}{2} = \bar{1},2169$

$\frac{z}{2} = 80°31'$

*z* = 161°02′

**Calcul de Z′v (objet).**

Zv ⊙ = N. 91°20′ E.
*z* = 161°02′ à porter à gauche.
Z′v (objet) = N. 69°42′ O. [3]

**Calcul de la Variation.**

Z′v (objet) = — N. 69°42′ O.
— Zc (objet) = + N. 55° O.
Variation (Zv — Zc) = — 14°42′ (N.-O.).

1. Il est inutile, dans un calcul d'azimut, d'employer le demi-diamètre ou hauteur réfracté *d′* puisqu'on arrondit à la minute.
2. Le cos de (*s* — Dsa) est égal à celui de (Dsa — *s*); on retranche la plus petite des deux quantités de la plus grande.
3. On se suppose au centre de la rose pour porter *z* sur la gauche de Zv ⊙; du N. 91°20′ E. au Nord, il y a 91°20′, il reste donc à tourner vers l'Ouest de 161°02′ — 91°20′ = 69°42′; on tombe par suite au N. 69°42′ O.

Feuille VIII (*suite*).

## CALCULS DE DÉVIATIONS ET DE DÉCLINAISONS

(417). — En passant sur l'alignement vrai N. 87 O., on relève cet alignement au N. 85 O. du compas étalon. A ce moment le cap du compas étalon étant S. 13 O., et celui du compas de route S. 19 O., on demande la déviation de chacun de ces compas, sachant que la déclinaison de la carte est 15° N.-O.

Relèv. vrai alignement = — N. 87° O.
Déclin. carte (signe contr.) = + 15°

Relèv. magnétique = — N. 72° O.
Relèv. compas étalon (signe contr.) = + N. 85° O.

Déviation compas étalon = + 13° (N.-E.).
Cap compas étalon = + S. 13° O.

Cap magnétique = + S. 26° O.
Cap compas de route (signe contr.) = — S. 19° O.

Déviation compas de route = + 7° (N.-E.).

(416). — Le cap au compas étalon étant N. 35 E. avec une déviation + 13°, les caps simultanés des deux compas de route sont N. 33 E. et N. 29 E.; on demande les déviations de ces deux compas pour les caps considérés.

Cap compas étalon = + N. 35° E.
Déviation comp. étalon = + 13°

Cap magnétique = + N. 48° E.
Cap 1er compas (signe contr.) = — N. 33° E.

Déviation 1er compas = + 15°

Cap magnétique = + N. 48° E.
Cap 2e compas (signe contr.) = — N. 29° E.

Déviation 2e compas = + 19°

(418). — Pour un certain cap du compas, la variation est 15° N.-O. et la déviation — 11°. Quelle est la route vraie correspondant au S. 41 O., sachant que la déviation à ce 2e cap est — 7°?

Variation au 1er cap = — 15° (N.-O.)
Déviation 1er cap (signe contr.) = + 11°

Déclinaison de l'aiguille = — 4° (N.-O.)

2e cap compas = + S. 41° O.
Déviation 2e cap = — 7°

Cap magnétique = + S. 34° O.
Déclinaison de l'aiguille = — 4°

Route vraie = + S. 30° O.

## PLACER LE NAVIRE A UN CAP MAGNÉTIQUE DONNÉ

**Problème.** — Dans le but de compenser un compas Thomson (424), on désire placer le navire aux caps *magnétiques :* Nord, Est, Sud-Est, en utilisant, pour cette opération, un compas de route quelconque. Quels sont les caps de ce compas de route qui correspondent aux caps magnétiques ci-dessus, sachant, d'ailleurs, que les déviations respectives du même compas, à ces trois caps, sont: + 4°, — 2° et — 10°?

On applique la formule (413):

Cap au compas = Cap magnétique — Déviation.

On a ainsi :

| | | | | | |
|---|---|---|---|---|---|
| Cap au compas, | correspondant | au Nord magnétique | = + 0° — 4° | = — 4° | = N. 4° O. |
| — | — | à l'Est — | = — 90° + 2° | = — 88° | = S. 88° E. |
| — | — | au S.-E. — | = — 45° + 10° | = — 35° | = S. 35° E. |

Pour détruire les déviations du compas Thomson à ces trois caps magnétiques, on manœuvrera les compensateurs (424) de manière à amener successivement le Nord, l'Est, le Sud-Est du compas Thomson sur la ligne de foi, quand les caps respectifs du compas de route seront N. 4° O., S. 88° E. et S. 35° E.

# FEUILLE IX

## POINT PAR DEUX HAUTEURS DE SOLEIL

(MÉTHODE LALANDE-PAGEL)

Ce procédé ne donne un point bien déterminé que si le soleil a été observé assez loin du méridien et si l'azimut de cet astre a varié, entre les deux observations, de plus de 25° et de moins de 155°. On devra, en outre, éviter d'observer à deux instants trop éloignés, à cause des erreurs de l'estime dans l'intervalle des observations.

Formules principales :

$$\sin\frac{P}{2} = \sqrt{\frac{\cos S \sin (S - Hv)}{\cos L_e \sin \Delta}}; \qquad \text{le matin } Tvg = 24^h - P; \qquad \text{le soir } Tvg = P; \qquad p' = \frac{2d - d' + d''}{2\delta};$$

$$\Delta L_2' = \frac{\text{Différence des longitudes } G_1' \text{ et } G_2'}{\text{Somme ou diff. arithmétique de } p_1' \text{ et } p_2'}; \qquad L = L_2' \pm \Delta L_2'.$$

On prend la somme arithmétique $p_1' + p_2'$ si le point Z est à l'intérieur.

— la différence — de $p'$ et $p_2'$ — l'extérieur.

$$\Delta G_2' = p_2' \times \Delta L_2'; \qquad G = G_2' \pm \Delta G_2'.$$

Le croquis indique le sens dans lequel on doit porter les corrections $\Delta L_2'$ et $\Delta G_2'$.

Feuille IX.

## POINT OBSERVÉ PAR DEUX HAUTEURS DE SOLEIL

(378) (MÉTHODE LALANDE-PAGEL)

Le 3 octobre, vers $7^h$ du matin, par $\left\{ \begin{array}{l} L_e = 39°49' \text{ N.} \\ G_e = 42°57'45'' \text{ O.} \end{array} \right\}$ on a obtenu :

$\left. \begin{array}{l} Hi\odot = 11°49'50'' \\ \varepsilon = -\ 30'' \\ \text{Élév. œil} = 4^m,5 \end{array} \right\}$ $M = 4^h37^m17^s$ $A - M = 2^h56^m23^s$ $Tmp - A = 2^h25^m24^s$ à $0^h$ le 2 oct. Marche $a = +\ 4^s,37$ (Avance).

De $7^h$ du matin à $9^h05^m$ du matin, le navire a parcouru 20,5 milles au N. 50° E. du compas, Variation 10° N.-O., Dérive 5° $B^d$, et à $9^h05^m$ une nouvelle observation donne :

$\left. \begin{array}{l} Hi\odot = 32°50'15'' \\ \varepsilon = -\ 50'' \\ \text{Élév. œil} = 6^m \end{array} \right\}$ $M = 6^h39^m37^s$ $A - M = 2^h56^m24^s$

Déterminer le point observé au moment de la seconde observation.

---

### PREMIÈRE OBSERVATION

**Tvp appr.**

$Tvg = 19^h$ le 2.
$G_e = +\ 2^h51^m51^s$ O.
Tvp appr. $= 21^h51^m51^s$ le 2.

**Tmp et Tvp.**

$M = 4^h37^m17^s$
$A - M = 2^h56^m23^s$
$Tmp - A = 2^h25^m24^s$
Tmp appr. $= 21^h59^m04^s$
pp. signe contr. $= -\ 04^s$
$Tmp = 21^h59^m00^s$ le 2.
$Em = 0^h10^m53^s,9$
$Tvp = 22^h09^m53^s,9$ le 2.

**Éléments de la *C. des T.***

D à $0^h$ le 2 $= 3°33'56'',2$
pp. Tmp $= 21'19''$
à Tmp, $D = 3°55'15''$ Sud.
$\Delta = 93°55'15''$

Em à $0^h$ le 2 $= 0^h10^m36^s,88$
pp p$^r$ Tmp $= 17^s$
à Tmp, $Em = 0^h10^m53^s,9$

**Calcul de G'.**

$Hi\odot = 11°49'50''$
$\varepsilon = -\ 30''$
$Ho\odot = 11°49'20''$
$T.E = +\ 8'00''$
$Hv\odot = 11°57'20''$
$L_e = 39°49'00''$
$\Delta = 93°55'15''$
$2S = 145°41'35''$
$S = 72°50'47''$
$S - Hv = 60°53'27''$

colog cos $= 0,114584$
colog sin $= 0,001016$
log cos $= \bar{1},469739$
log sin $= \bar{1},941363$
$2 \log \sin \frac{P}{2} = \bar{1},526702$
$\log \sin \frac{P}{2} = \bar{1},763351$
$\frac{P}{2} = 2^h21^m46^s,5$
$P = 4^h43^m33^s$
$Tvg = 19^h16^m27^s$
$Tvp = 22^h09^m54^s$
$G' = 2^h53^m27^s$ O.
$G' = 43°21'45''$ O.

$d = 26,4$
$2d = 52,8$
$-d' = -\ 102,3$
$d'' = 17,5$
$\delta = 44,3$ ; $2\delta = 88,6$

**Calcul de $Z_1$.**

Table D Caillet avec $\left\{ \begin{array}{l} L_e = 39°49' \\ p_1' = -\ 1^s,44 \end{array} \right.$
on trouve $Z_1 =$ S. 74°,5 E.

**Calcul de la Corr. Pagel et de $Z_1$.**

(TABLES DE PERRIN).

T. I $= +\ 0,07$
T. II $= +\ 0,29$
Corr. Pagel $= +\ 0',36$
T. III, $Z_1 =$ S. 74°,5 E.

**Calcul de $p_1'$.**

$2d - d' + d'' = -\ 32$

$\frac{2d - d' + d''}{2\delta} = \frac{-32}{88,6} = -\ 0'36$

$p_1' = -\ 0',36$
$4p_1' = p_1' = -\ 1^s,44$

Z'. Premier point déterminatif. $\left\{ \begin{array}{l} L' = 39°49'00'' \text{ N.} \\ G' = 43°21'45'' \text{ O.} \end{array} \right.$

**Transport de la droite de hauteur.**

| V. | w. | N. | E. | |
|---|---|---|---|---|
| N. 35 E. | 20,5 | 16,8 | 11,8 | $g = 15,4$ |

Premier point déterminatif transporté. $Z_1'$ $\left\{ \begin{array}{ll} L_e = L' = 39°49'00'' \text{ N.} & G' = 43°21'45'' \text{ O.} \\ l = 16'48'' \text{ N.} & g = 15'24'' \text{ E.} \\ L_1' = 40°05'48'' \text{ N.} & G_1' = 43°06'21'' \text{ O.} \end{array} \right.$

**Feuille IX.**

## DEUXIÈME OBSERVATION

**Tvp appr.**

$Tvg = 21^h 05^m 00^s$ le 2.
$G'_1 = 2^h 52^m 25^s$ O.
Tvp appr. $= 23^h 57^m 25^s$ le 2.

**Tmp et Tvp.**

$M = 6^h 39^m 37^s$
$A - M = 2^h 56^m 24^s$
$Tmp - A = 2^h 25^m 24^s$
Tmp appr. $= 0^h 01^m 25^s$ le 3 [1].
$p^r\ 24^h = - 4^s,4$
$Tmp = 0^h 01^m 20^s,6$ le 3.
$Em = 0^h 10^m 55^s,5$
$Tvp = 0^h 12^m 16^s,1$

**Éléments de la *C. des T.***

D à $0^h$ moy. le 3 $= 3°57'11'',9$
pp. $p^r$ Tmp $= 1''$
à Tmp, D $= 3°57'13''$ Sud.
$\Delta = 93°57'13''$

*Em* à $0^h$ moy. le 3 $= 0^h 10^m 55^s,5$
pp. $p^r$ Tmp $= 00^s,0$
à Tmp, *Em* $= 0^h 10^m 55^s,5$

**Calcul de G'.**

$Hi \odot = 32°50'15''$
$\varepsilon = - 50''$
$Ho \odot = 32°49'25''$
$T.E = 10'24''$
$Hv \ominus = 32°59'49''$
$L'_1 = 40°05'48''$
$\Delta = 93°57'13''$
$2S = 167°02'50''$
$S = 83°31'25''$
$S - Hv = 50°31'36''$

colog cos $= 0,116357$
colog sin $= 0,001035$

log cos $= \bar{1},052192$
log sin $= \bar{1},887562$

$2 \log \sin \frac{P}{2} = \bar{1},057146$

$\log \sin \frac{P}{2} = \bar{1},528573$

$\frac{P}{2} = 1^h 18^m 57^s$
$P = 2^h 37^m 54^s$
$Tvg = 21^h 22^m 06^s$
$Tvp = 0^h 12^m 16^s,1$
$G'_2 = 2^h 50^m 10^s,1$ [2] O.
$G'_2 = 42°32'30''$ O.

$d = 26,6$
$2d = 53,2$

$-d' = -278,6$
$d'' = 26,0$

$\delta = 88,1$; $2\delta = 176,2$

**Calcul de $p'_2$.**

$2d - d' + d'' = -199,4$

$\frac{2d - d' + d''}{2\delta} = -1',13.$

$p'_2 = -1',13$

$4p'_2 = p'_2 = -4^s,52$

**Calcul de $Z_2$.**

Table D Caillet. avec $\begin{cases} L'_1 = 40°05' \\ p'_2 = 4^s,5 \end{cases}$

On trouve $Z_2 = S. 49°,5$ E.

**Calcul de la Corr. Pagel et de $Z_2$.**

(TABLES DE PERRIN).

$T.I = + 0,11$
$T.II = + 1,02$
Corr. Pagel $= + 1',13$
T. III, $Z_2 = S. 49°,5$ E.

*Deuxième point déterminatif* $Z'_2$ $\begin{cases} L'_2 = L'_1 = 40°05'48'' \text{ N.} \\ G'_2 = 42°32'30'' \text{ O.} \end{cases}$

**Calcul de $\Delta L'_2$ et de L.**

$\Delta L'_2 = \frac{G'_1 - G'_2}{p'_1 - p'_2} = \frac{33,85}{0,77} = 43',9$ [3]

$\Delta L'_2 = 0°43'54''$ vers le Sud.
$L'_2 = 40°05'48''$ N.
$L = 39°21'54''$ N.

**Calcul de $\Delta G'_2$ et de G.**

$\Delta G'_2 = p'_2 \times \Delta L'_2 = 1',13 \times 43,9 = 49'6$
$\Delta G'_2 = 0°49'36''$ vers l'Ouest.
$G'_2 = 42°32'30''$ O.
$G = 43°22'06''$ O.

*Point observé* Z $\begin{cases} L = 39°22' \text{ N.} \\ G = 43°22' \text{ O.} \end{cases}$

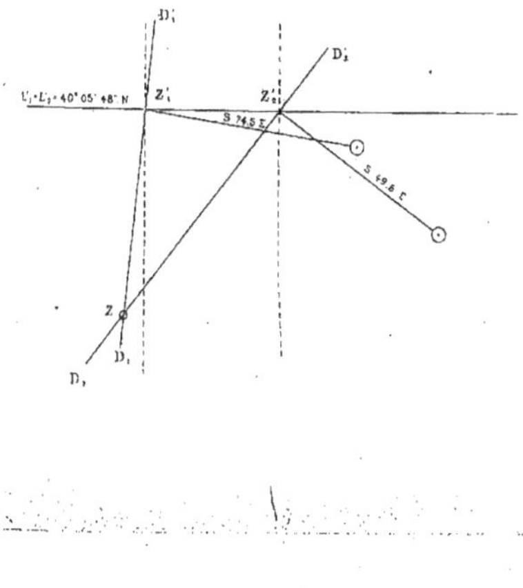


1. On est conduit à ajouter $12^h$ à la somme, ce qui donne $24^h 01^m 25^s$ le 2 ou $0^h 01^m 25^s$ le 3 ; la partie proportionnelle est égale à la marche elle-même.

On aurait pu aussi prendre Tmp — A pour le 3 avec une partie proportionnelle nulle.

2. La relation : $Tvp = Tvg + G_0$ n'étant vraie qu'à $24^h$ près dans certains cas, on a ajouté $24^h$ à Tvp pour rendre la soustraction possible.

3. Le point Z tombe en dehors des méridiens, il faut donc prendre la différence arithmétique $p_1' - p_2'$.

# FEUILLE X

## POINT OBSERVÉ PAR DEUX HAUTEURS D'ASTRES QUELCONQUES

(MÉTHODE LALANDE-PAGEL)

Cette méthode ne convient que si les astres sont tous les deux assez éloignés du méridien et si leur différence d'azimut est de plus de 25° et de moins de 155°.

Voir les formules de la Feuille IX.

## (378) POINT OBSERVÉ PAR DEUX HAUTEURS D'ASTRES QUELCONQUES

(MÉTHODE LALANDE-PAGEL)

Le 12 mai, vers $11^h 46^m$ du soir, par $\left\{ \begin{array}{l} L_e = 40°08' \text{ N.} \\ G_e = 54°45' \text{ E.} \end{array} \right\}$ on a observé dans l'Est :

Hi *Altaïr* = 22°15′00″
Erreur ε = + 4′
Élév. œil = $3^m,6$

$M = 5^h 59^m 09^s$
$A - M = 0^h 14^m 13^s$

Tmp — A = $1^h 59^m 22^s,7$ à $0^h$ le 12.
Marche $a$ = — $8^s,8$ (Retard)

De $11^h 46^m$ du soir à $2^h 16^m$ du matin, le navire a parcouru 16,2 milles au N. 46 E. du compas, Variation 8° N.-O., Dérive 3° $T^d$, et à $2^h 16^m$ on observe dans l'Est :

Hi β *Andromède* = 9°50′
ε = — 30″
Élév. œil = $4^m$

$M = 8^h 32^m 25^s$
$A - M = 0^h 14^m 11^s$

Déterminer le point observé à l'instant de la seconde observation.

### PREMIÈRE OBSERVATION (Altaïr).

**Tvp appr.**

Tvg = $11^h 46^m$ le 12.
$G_e$ = — $3^h 39^m$ E.
Tvp = $8^h 07^m$ le 12.

**Tmp et Tap.**

M = $5^h 59^m 09^s$
A — M = $0^h 14^m 13^s$
Tmp — A = $1^h 59^m 22^s,7$
Tmp appr. = $8^h 12^m 44^s,7$
pp. signe contr. + $3^s$
Tmp = $8^h 12^m 47^s,7$ le 12.
Æm = $3^h 21^m 12^s,1$
Tmp + Æm = Tsp = $11^h 33^m 59^s,8$
Æ✳ = $19^h 45^m 28^s,6$
Tsp — Æ✳ = Tap = $15^h 48^m 41^s,2$ [1]

**Éléments de la *C. des T.***

D✳ = 8°34′41″ N.
Δ✳ = 81°25′19″
Æ✳ = $19^h 45^m 28^s,6$

à $0^h$ le 12, Æm = $3^h 19^m 51^s,16$
T. VI. *C. des T.* / $p^r$ Tmp : $1^m 20^s,823$ ; $0^s,131$
à Tmp, Æm = $3^h 21^m 12^s,1$

**Calcul de G′.**

Hi✳ = 22°15′00″
ε = + 4′00″
Ho✳ = 22°19′00″
Dép = — 3′22″
Har✳ = 22°15′38″
Rm = — 2′21″
Hv✳ = 22°13′17″
$L_e$ = 40°08′00″ — colog cos = 0,116596
Δ = 81°25′19″ — colog sin = 0,004887
2S = 143°46′36″
S = 71°53′18″ — log cos = $\bar{1}$,492598
S — Hv = 49°40′01″ — log sin = $\bar{1}$,882181

$2 \log \sin \frac{P}{2} = \bar{1},496202$

$\log \sin \frac{P}{2} = \bar{1},748101$ δ = 46,7 ; 2δ = 93,4

$\frac{P}{2} = 2^h 16^m 11^s,5$
P = $4^h 32^m 23^s$
Tag = $19^h 27^m 37^s$
Tap = $15^h 48^m 31^s$
G′ = $3^h 39^m 06^s$ E.
G′ = 54°46′30″ E.

d = 26,7
2d = 53,4
— d′ = — 96,5
d″ = 26,8

**Calcul de $p_1'$.**

2d — d′ + d″ = — 16,3

$\frac{2d - d' + d''}{2\delta} = \frac{-16,3}{93,4} = -0'174$

$p_1' = -0'174$
$4p_1' = p_1^t = -0^s,696$

**Calcul de $Z_1$.**

Table D Caillet avec $L_e = 40°$, $p_1^t = 0^s,696$ on trouve $Z_1$ = S. 82°,3 E.

**Calcul de la Corr. Pagel et de $Z_1$.**

(TABLES DE PERRIN).

T. I = — 0,16
T. II = + 0,34
Corr. Pagel = + 0′,18
T. III. $Z_1$ = S. 82°,2 E.

*Premier point déterminatif* Z′ $\left\{ \begin{array}{l} L' = L_e = 40°08'00'' \text{ N.} \\ G' = 54°46'30'' \text{ E.} \end{array} \right.$

**Transport de la première droite de hauteur.**

| V. | m. | N. | E. | |
|---|---|---|---|---|
| N. 41 E. | 16,2 | 12,2 | 10,6 | g = 13,8 |

L′ = 40°08′00″ N. — G′ = 54°46′30″ E.
l = 12′12″ — g = 13′48″ E.

Premier point déterminatif transporté $Z_1'$ { $L_1'$ = 40°20′12″ N. — $G_1'$ = 55°00′18″ E.

1. On a ajouté $24^h$ à Tsp pour rendre la soustraction possible.

**Feuille X.**

DEUXIÈME OBSERVATION (β **Andromède**).

**Tvp appr.**

$Tvg = 14^h 16^m$ le 12.
$G'_1 = 3^h 40^m 01^s$ E.
Tvp appr. $= 10^h 36^m$ le 12.

**Tmp et Tap.**

$M = 8^h 32^m 25^s$
$A - M = 0^h 14^m 11^s$
$Tmp - A = 1^h 59^m 22^s,7$
Tmp appr. $= 10^h 45^m 58^s,7$
pp. signe contr. $+ \quad 4^s,0$
$Tmp = 10^h 46^m 02^s,7$
$\mathcal{A}m = 3^h 21^m 37^s,3$
$Tmp + \mathcal{A}m = Tsp = 14^h 07^m 40^s,0$
$\mathcal{A}\ast = - 1^h 03^m 36^s,3$
$Tsp - \mathcal{A}\ast = Tap = 13^h 04^m 03^s,7$

**Éléments de la *C. des T.***

$D\ast = 35°02'24'',6$ N.
$\Delta = 54°57'35''$
$\mathcal{A}\ast = 1^h 03^m 36^s,3$

$\mathcal{A}m$ à $0^h$ le 12 $= 3^h 19^m 51^s,16$
p^r Tmp { Table VI $1^m 46^s,121$
p^r Tmp { *C. des T.* $0^s,008$
à Tmp, $\mathcal{A}m = 3^h 21^m 37^s,3$

**Calcul de $G_2'$.**

$Hi\ast = 9°50'00''$
$\varepsilon = - 30''$
$Ho\ast = 9°49'30''$
$Dép = - 3'33''$
$Har = 9°45'57''$
$Rm = - 5'27''$
$Hv = 9°40'30''$
$L'_1 = 40°20'12''$
$\Delta = 54°57'35''$
$2S = 104°58'17''$
$S = 52°29'08''$
$S - Hv = 42°48'38''$

colog cos $= 0,117906$
colog sin $= 0,086857$
log cos $= \bar{1},784571$
log sin $= \bar{1},832254$
$2 \log \sin \frac{P}{2} = \bar{1},821588$
$\log \sin \frac{P}{2} = \bar{1},910794$
$\frac{P}{2} = 3^h 38^m 05^s$
$P = 7^h 16^m 10^s$
$Tag = 16^h 43^m 50$
$Tap = 13^h 04^m 04^s$
$G'_2 = 3^h 39^m 46^s$ E.
$G'_2 = 54°56'30''$ E.

$d = 26,8$
$2d = 53,6$
$-d' = -41,1$
$d'' = 34,1$

$\delta = 22,5;\ 2\delta = 45.$

**Calcul de $p_2'$.**

$2d - d' + d'' = 46,6$
$$\frac{2d - d' + d''}{2\delta} = \frac{46,6}{45} = 1,04$$
$p'_2 = +1',04$
$4p'_2 = p^s_2 = +4^s,16$

**Calcul de $Z_2'$.**

Table D Caillet { avec { $L'_1 = 40°20'$, $p^s_2 = +4^s,16$
on trouve $Z'_2 = N.\ 51°,5$ E.

**Calcul de la Corr. Pagel et de $Z_2$.**

(TABLES DE PERRIN).

T. I $= -0,74$
T. II $= -0,29$
Corr. Pagel $= -1',03$
T. III. $Z_2 = N.\ 51°,7$ E.

*Deuxième point déterminatif* $Z'_2 = \left\{ \begin{array}{l} L'_1 = L'_2 = 40°20'12''\ N. \\ G'_2 = 54°56'30''\ E. \end{array} \right.$

**Calcul de $\Delta L_2'$ et de L.**

$$\Delta L'_2[1] = \frac{G'_1 - G'_2}{p'_1 + p'_2} = \frac{3,8}{1,21} = 3',14 = 3'08''$$
$\Delta L'_2 = 0°03'08''$ vers le Sud.
$L'_2 = 40°20'12''$ N.
$L = 40°17'04''$ N.

**Calcul de $\Delta G_2'$ et de G.**

$\Delta G'_2 = p'_2 \times \Delta L'_2 = 1'04 \times 3,14 = 3',27$
$\Delta G'_2 = 0°03'16''$ vers l'Est.
$G'_2 = 54°56'30''$ E.
$G = 54°59'46''$ Est.

*Point observé* $\left\{ \begin{array}{l} L = 40°17'\ N. \\ G = 55°00'\ E. \end{array} \right.$

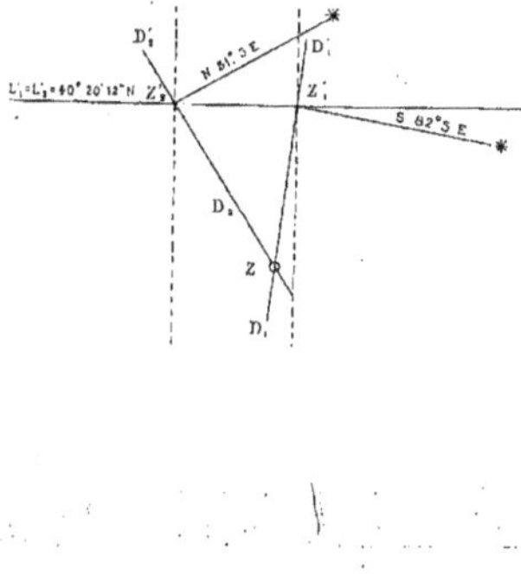


1. On prend la somme arithmétique $p_1' + p_2'$ parce que Z tombe entre les méridiens de $Z_1'$ et de $Z_2'$.

# FEUILLE XI

## POINT PAR DEUX HAUTEURS SIMULTANÉES

(MÉTHODE LALANDE-PAGEL)

Cette méthode ne convient que si les deux astres observés sont assez éloignés du méridien et si leur différence d'azimut est de plus de 25° et de moins de 155°.

Voir les formules de la feuille IX.

Comme dans ce calcul il n'y a pas lieu de transporter la 1re droite de hauteur, on a $G'_1 = G'$ et par suite :

$$\Delta L'_2 = \frac{\text{Différence des longitudes } G' \text{ et } G'_2}{\text{Somme ou différence de } p'_1 \text{ et de } p'_2}.$$

Z intérieur, somme ; Z extérieur, différence.

Feuille XI.

(379)

## POINT OBSERVÉ PAR DEUX HAUTEURS SIMULTANÉES

(MÉTHODE LALANDE-PAGEL).

Le 13 mai, vers $2^h 16^m$ du matin, par $\left\{ \begin{array}{l} L_e = 40°20'12'' \text{ N.} \\ G_e = 55°00'18'' \text{ E.} \end{array} \right\}$ on a observé dans l'Est :

$$\left. \begin{array}{l} \text{Hi } \textit{Altaïr} = 47°32' \\ \varepsilon = -\ 30'' \\ \text{Élév. œil} = 4^m \end{array} \right| \quad \begin{array}{l} M = 8^h 22^m 26^s \\ A - M = 0^h 14^m 11^s \end{array} \quad \begin{array}{l} \text{Tmp} - A = 1^h 59^m 22^s,7 \text{ à } 0^h \text{ le 12.} \\ a = -8^s,8 \text{ (Retard).} \end{array}$$

et immédiatement après, également dans l'Est :

$$\left. \begin{array}{l} \text{Hi } \beta \textit{ Andromède} = 9°50' \\ \varepsilon = -\ 30'' \\ \text{Élév. œil} = 4^m \end{array} \right| \quad \begin{array}{l} M = 8^h 32^m 25^s \\ A - M = 0^h 14^m 11^s \end{array}$$

Déterminer le point observé au moment de la double observation.

### ALTAÏR

**Tvp appr.**

$$\begin{array}{rll} \text{Tvg} = & 14^h 16^m & \text{le 12.} \\ G_e = & 3^h 40^m 01^s & \text{E.} \\ \hline \text{Tvp appr.} = & 10^h 36^m & \text{le 12.} \end{array}$$

**Tmp et Tap.**

$$\begin{array}{rl} M = & 8^h 22^m 26^s \\ A - M = & 0^h 14^m 11^s \\ \text{Tmp} - A = & 1^h 59^m 22^s,7 \\ \hline \text{Tmp appr.} = & 10^h 35^m 59^s,7 \\ \text{pp. signe contr.} = + & 3^s,8 \\ \hline \text{Tmp} = & 10^h 36^m 03^s,5 \text{ le 12.} \\ \mathit{AR}m = & 3^h 21^m 35^s,6 \\ \hline \text{Tmp} + \mathit{AR}m = \text{Tsp} = & 13^h 57^m 39^s,1 \\ \mathit{AR}\ast = - & 19^h 45^m 28^s,6 \\ \hline \text{Tsp} - \mathit{AR}\ast = \text{Tap} = & 18^h 12^m 10^s,5\ [1] \end{array}$$

**Éléments de la *C. des T.***

$$\begin{array}{rl} D\ast = & 8°34'41'' \text{ N.} \\ \Delta = & 81°25'19'' \\ \mathit{AR}\ast = & 19^h 45^m 28^s,6 \end{array}$$

$$\begin{array}{rl} \text{à } 0^h \text{ le 12, } \mathit{AR}m = & 3^h 19^m 51^s,16 \\ \text{T. VI. } \textit{C. des T.} \text{ p}^r \text{ Tmp} & 1^m 44^s,49 \\ \hline \text{à Tmp, } \mathit{AR}m = & 3^h 21^m 35^s,65 \end{array}$$

**Calcul de G'.**

$$\begin{array}{rl} \text{Hi}\ast = & 47°32'00'' \\ \varepsilon = - & 30'' \\ \hline \text{Ho}\ast = & 47°31'30'' \\ \text{Dép.} = - & 3'33'' \\ \hline \text{Har}\ast = & 47°27'57'' \\ \text{R}m = - & 53'' \\ \hline \text{Hv}\ast = & 47°27'04'' \\ L_e = & 40°20'12'' \\ \Delta = & 81°25'19'' \\ \hline 2S = & 169°12'35'' \\ S = & 84°36'17'' \\ S - \text{Hv} = & 37°09'13'' \end{array}$$

$$\begin{array}{l} \text{colog cos} = 0,117906 \\ \text{colog sin} = 0,004887 \\ \text{log cos} = \bar{2},973294 \\ \text{log sin} = \bar{1},781009 \\ \hline 2 \log \sin \frac{P}{2} = \bar{2},877096 \\ \log \sin \frac{P}{2} = \bar{1},438548 \\ \frac{P}{2} = 1^h 03^m 44^s \\ P = 2^h 07^m 28^s \\ \text{Tag} = 21^h 52^m 32^s \\ \text{Tap} = 18^h 12^m 11^s \\ \hline G' = G'_1 = 3^h 40^m 21^s \text{ E.} \\ G' = G'_1 = 55°05'15'' \text{ E.} \end{array}$$

$$\begin{array}{rl} d = & 26,8 \\ 2d = & 53,6 \\ -d' = - & 333,7 \\ d'' = & 41,7 \end{array}$$

$\delta = 110,9\ ;\ 2\delta = 221,8$

**Calcul de $p'_1$.**

$$2d - d' + d'' = -\ 238,4$$

$$\frac{2d - d' + d''}{2\delta} = -1,075$$

$$p'_1 = -1',075$$

$$4p'_1 = p'_1 = -4^s,30$$

**Calcul de $Z_1$.**

Table D Caillet avec $\left\{ \begin{array}{l} L_e = 40°20' \\ p'_1 = -\ 4^s,3 \end{array} \right.$

on trouve $Z_1 = \text{S. } 50°,5 \text{ E.}$

**Calcul de la Corr. Pagel et de $Z_1$.**

(TABLES DE PERRIN).

$$\begin{array}{rl} \text{T. I} = - & 0,29 \\ \text{T. II} = + & 1,36 \\ \hline \text{Corr. Pagel} = + & 1',07 \\ \text{T. III. } Z_1 = & \text{S. } 50°,5 \text{ E.} \end{array}$$

*Premier point déterminatif Z' ou $Z'_1$* $\left\{ \begin{array}{l} L_e = L' = L'_1 = 40°20'12'' \text{ N.} \\ G' = G'_1 = 55°05'15'' \text{ E.} \end{array} \right.$

---

1. On a ajouté $24^h$ à Tsp pour rendre la soustraction possible.

**Feuille XI.**

## β Andromède.

L'observation de β Andromède a été calculée dans l'exemple précédent (Feuille X) ; nous nous contenterons de rappeler les résultats :

*Point déterminatif donné par β Andromède* $Z'_2$ $\left\{ \begin{array}{l} L_e = L'_1 = L'_2 = 40^\circ 20' 12'' \text{ N.} \\ G'_2 = 54^\circ 56' 30'' \text{ E.} \end{array} \right.$ $\quad$ $Z_2 = \text{N. } 51^\circ,5 \text{ E.}$ $\quad$ $p'_2 = 1',04$

**Calcul de $\Delta L'_2$ et de L.**

$$^{1}\ \Delta L'_2 = \frac{G' - G'_2}{p'_1 + p'_2} = \frac{8',75}{2,115} = 4',14$$

$$\Delta L'_2 = 0^\circ 04' 08'' \text{ vers le Sud.}$$

$$L'_2 = 40^\circ 20' 12'' \text{ N.}$$

$$L = 40^\circ 16' 04'' \text{ N.}$$

**Calcul de $\Delta G'_2$ et de G.**

$$\Delta G'_2 = p'_2 \times \Delta L'_2 = 1',04 \times 4,14 = 4',31$$

$$\Delta G'_2 = 0^\circ\ 4' 19'' \text{ vers l'Est.}$$

$$G'_2 = 54^\circ 56' 30'' \text{ E.}$$

$$G = 55^\circ 00' 49'' \text{ E.}$$

**Point observé.**

$$L = 40^\circ 16' \text{ N.}$$

$$G = 55^\circ 01' \text{ E.}$$

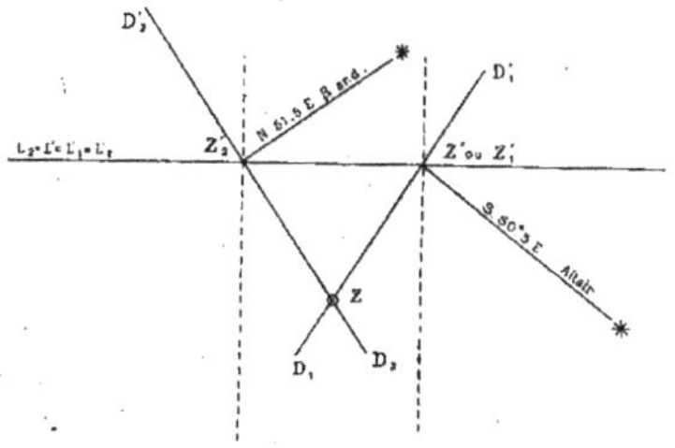


1. On prend la somme arithmétique $p'_1 + p'_2$ parce que Z tombe entre les méridiens de $Z'_2$ et de $Z'_1$.

# FEUILLE XII

## POINT PAR TROIS HAUTEURS D'ÉTOILES

(MÉTHODE LALANDE-PAGEL)

Pour que l'intersection des trois droites de hauteur donne un bon triangle de certitude, par cette méthode, il faut que les différences d'azimut des trois astres, pris deux à deux, soient plus grandes que 25° et plus petites que 155°. Il est nécessaire, en outre, qu'aucun des trois astres n'ait été observé aux environs du méridien.

Voir les formules de la feuille IX.

Feuille XII.

(378, 379, 387.)

## POINT PAR TROIS HAUTEURS D'ÉTOILES

(MÉTHODE LALANDE-PAGEL)

---

Le 12 mai, vers $11^h\,46^m$ du soir, par $\left\{ \begin{array}{l} L_e = 40^\circ 08' \text{ N.} \\ G_e = 54^\circ 45' \text{ E.} \end{array} \right\}$ on a observé dans l'Est :

$$\left. \begin{array}{rl} \text{Hi } \textit{Altaïr} = & 22^\circ 15' 00'' \\ \varepsilon = + & 4' 00'' \\ \text{Élév. œil} = & 3^m 6^s \end{array} \right\} \quad \begin{array}{l} M = 5^h 59^m 09^s \\ A - M = 0^h 14^m 13^s \end{array} \quad \begin{array}{rl} \text{Tmp} - A = & 1^h 59^m 22^s{,}7 \text{ à } 0^h \text{ le 12.} \\ a = - & 8^s{,}8 \text{ (Retard)} \end{array}$$

De $11^h 46^m$ à $2^h 16^m$ du matin, le navire a parcouru 16,2 milles au N. 46 E. du compas, Variation 8° N.-O.; dérive 3° $T^d$; à $2^h 16^m$, on a observé dans l'Est :

$$\left. \begin{array}{rl} \text{Hi } \textit{Altaïr} = & 47^\circ 32' 00'' \\ \varepsilon = - & 30'' \\ \text{Élév. œil} = & 4^m \end{array} \right\} \quad \begin{array}{l} M = 8^h 22^m 26^s \\ A - M = 0^h 14^m 11^s \end{array}$$

et immédiatement après, également dans l'Est :

$$\left. \begin{array}{rl} \text{Hi } \beta \textit{ Andromède} = & 9^\circ 50^m 00'' \\ \varepsilon = - & 30'' \\ \text{Élév. œil} = & 4^m \end{array} \right\} \quad \begin{array}{l} M = 8^h 32^m 25^s \\ A - M = 0^h 14^m 11^s \end{array}$$

Déterminer le point observé à l'instant de la 3e observation.

---

Calculer avec chaque hauteur un point déterminatif.

Transporter la droite de hauteur de la 1re observation d'Altaïr à l'instant de la double observation.

Ces calculs ont déjà été faits (voir Feuilles X et XI), et nous avons trouvé :

| 1re observ. d'Altaïr. | 2e observ. d'Altaïr. | β Andromède. |
| --- | --- | --- |
| 1er *Point déterminatif transporté* $Z'_1$. | 2e *Point déterminatif* $Z'_2$.[1] | 3e *Point déterminatif* $Z'_3$. |
| $L'_1 = 40^\circ 20' 12''$ N. | $L'_2 = 40^\circ 20' 12''$ N. | $L'_3 = 40^\circ 20' 12''$ N. |
| $G'_1 = 55^\circ 00' 18''$ E. | $G'_2 = 55^\circ 05' 15''$ E. | $G'_3 = 54^\circ 56' 30''$ E. |
| $p'_1 = 0',174$ | $p'_2 = 1',075$ | $p'_3 = 1',04$ |
| $Z_1 =$ S. 82°,3 E. | $Z_2 =$ S. 50°,5 | $Z_3 =$ N. 51°,5 E. |

Chercher ensuite les trois points observés donnés par les intersections des trois droites de hauteur prises deux à deux.

On a trouvé (Feuille X) que la 1re observation d'Altaïr avec celle de β Andromède, donnait un point observé :

$$\textit{Point n° 1} \left\{ \begin{array}{l} L = 40^\circ 17' 04'' \text{ N.} \\ G = 54^\circ 59' 46'' \text{ E.} \end{array} \right.$$

La 2e observation d'Altaïr avec celle de β Andromède a donné aussi un autre point (Feuille XI) :

$$\textit{Point n° 2} \left\{ \begin{array}{l} L = 40^\circ 16' 04'' \text{ N.} \\ G = 55^\circ 00' 49'' \text{ E.} \end{array} \right.$$

Il reste à déterminer le point n° 3.

---

1. Dans le calcul de la Feuille XI, les coordonnées de ce point déterminatif avaient 1 pour indice; de même celles du point $Z'_1$ avaient 2 pour indice.

**Feuille XII.**

## CALCUL DU POINT OBSERVÉ DONNÉ PAR L'INTERSECTION DES DROITES DE HAUTEUR DES DEUX OBSERVATIONS D'Altaïr.

**Calcul de $\Delta L'_2$ et de L.**

$$\Delta L'_2 = \frac{G'_2 - G'_1}{p'_2 - p'_1} \quad [1]$$

$$G'_2 = 55°05'15''$$
$$G'_1 = 55°00'18''$$
$$G'_2 - G'_1 = 4'57'' = 4'95$$

$$p'_2 = 1',075$$
$$p'_1 = 0',174$$
$$p'_2 - p'_1 = 0',901$$

$$\Delta L'_2 = \frac{4,95}{0,901} = 5',494$$

$\Delta L'_2 =$ 0°05'30'' vers le Sud.
$L'_2 = 40°20'12''$ N.

$L = 40°14'42''$ N.

**Calcul de $\Delta G'_2$ et de G.**

$$\Delta G'_2 = p'_2 \times \Delta L'_2 = 1,075 \times 5',494$$
$$\Delta G'_2 = 5',906$$

$\Delta G'_2 =$ 0° 05'54'' vers l'Ouest.
$G'_2 = 55°05'15''$ E.

$G = 54°59'21''$ E.

*Point n° 3* { L = 40°14'42'' N.
G = 54°59'21'' E.

Nous prendrons pour point moyen un point dont les coordonnées sont les moyennes de celles des trois points observés obtenus.

**Latitudes.**

| | |
|---|---|
| 1 | 40°17'04'' |
| 2 | 40°16'04'' |
| 3 | 40°14'42'' |
| Somme = | 120°47'50'' |
| Moyenne = | 40°15'57'' |

**Longitudes.**

| | |
|---|---|
| 1 | 54°59'46'' |
| 2 | 55°00'49'' |
| 3 | 54°59'21'' |
| Somme = | 164°59'56'' |
| Moyenne = | 54°59'59'' |

*Point moyen* { Latitude = 40°16' Nord.
Longitude = 55°00' Est.

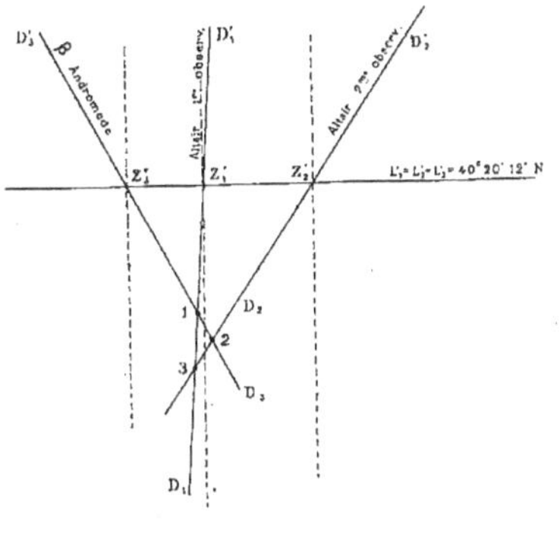


REMARQUE. — Nous ne saurions trop recommander de substituer le tracé graphique *sur la carte* aux calculs ci-dessus, dans la pratique habituelle de la navigation. Il est clair que l'approximation obtenue sera toujours en rapport avec l'échelle de la carte employée ; or, en général, cette échelle sera, elle-même, d'autant plus grande qu'on aura besoin de connaître la position du navire avec plus d'exactitude.

1. On prend la différence arithmétique parce que le point 3 tombe en dehors des méridiens de $Z'_1$ et de $Z'_2$.

# FEUILLE XIII

## POINT PAR DEUX HAUTEURS DE SOLEIL

### (MÉTHODE MARCQ).

RÈGLE UNIQUE. — *Prendre deux observations aussi voisines que possible de l'instant pour lequel on veut le point, dans deux verticaux faisant entre eux un angle aussi voisin que possible de 90°.*

Cependant on doit éviter de prendre des hauteurs trop fortes ; car, alors, les *droites* de hauteur s'écartant trop des *courbes* de hauteur, le point observé *courant* est sensiblement erroné.

La distance d'un point Z d'une droite de hauteur $D_2D'_2$ (fig. de la F. XIII) à la projection même du cercle de hauteur ou *courbe* de hauteur, est donnée par la formule :

$$\text{Écart du point Z} = \frac{(ZZ'_2)^2}{2\,(90^\circ - Hv)}.$$

Hv est la hauteur vraie correspondant à la droite $D_2D'_2$, *exprimée en minutes.*

$ZZ'_2$ est la distance du point Z au point déterminatif $Z'_2$, *exprimée en milles.* Quand la droite de hauteur n'a pas été tracée sur une carte, on obtient $ZZ'_2$ par la table de point. On entre dans cette table avec $Z'_1Z'_2 = Hv - He$ dans la colonne E. O. et la différence des deux azimuts comme angle de route ; on lit $ZZ'_2$ dans la colonne N. S. Le nombre correspondant de la colonne des milles serait $ZZ'_1$ et servirait pour l'autre droite.

Dans l'exemple de la Feuille XIII, nous avons trouvé $ZZ'_2 = 46$ milles, environ ; d'ailleurs, $90^\circ - Hv = 57^\circ = 57 \times 60$ minutes. Par suite :

$$\text{Écart du point Z} = \frac{46^2}{2 \times 57 \times 60} = \frac{2116}{6840} = 0{,}3 \text{ mille.}$$

On conçoit qu'en calculant les écarts de plusieurs points de $D_2D'_2$, il serait facile de tracer rapidement la courbe de hauteur.

D'après M. Guyou, à qui on doit ce procédé, on devra tracer la courbe toutes les fois que l'*écart* du point courant Z sera supérieur à 1 mille.

### Formule employée :

$$\sin He = \sin L_e \cos \Delta + \cos L_e \sin \Delta \cos P_e = x + y. \qquad (1)$$

$x = \sin L_e \cos \Delta$ sera *positif* si $\Delta < 90^\circ$, et *négatif* si $\Delta > 90^\circ$.

$y = \cos L_e \sin \Delta \cos P_e$ sera *positif* si $P_e < 6^h$ et *négatif* si $P_e > 6^h$.

Hv — He se porte vers l'astre, suivant l'azimut, si elle est positive, et à l'opposé de l'azimut si elle est négative, c'est-à-dire si He > Hv.

La formule (1) est toujours applicable, quelles que soient les valeurs de $\Delta$ et de $P_e$.

Feuille XIII.

## POINT OBSERVÉ PAR DEUX HAUTEURS DE SOLEIL

(MÉTHODE MARCQ)

(380). — Le 3 octobre, vers $7^h$ du matin, par $\left\{ \begin{array}{l} L_e = 39°49' \text{ N.} \\ G_e = 42°57'45'' \text{ O.} \end{array} \right\}$ on a obtenu :

Hi ☉ = 11°49'50"
ε = — 30"
Élév. œil = $4^m,5$

$M = 4^h 37^m 17^s$
$A - M = 2^h 56^m 23^s$

$Tmp - A = 2^h 25^m 24^s$ à $0^h$ le 2 oct.
Marche $a = + 4^s,37$ (Avance).

De $7^h$ à $9^h 05^m$ du matin, le navire a parcouru 20,5 milles au N. 50 E. du compas, Variation 10° N.-O., Dérive 5° $B^d$; et à $6^h 05^m$ une nouvelle observation donne

Hi ☉ = 32°50'15"
ε = — 50"
Élév. œil = $6^m$

$M = 6^h 39^m 37^s$
$A - M = 2^h 56^m 24^s$

Déterminer le point observé au moment de la seconde observation.

### PREMIÈRE OBSERVATION

**Tvp. appr.**

Tvg appr. = $19^h 00^m 00^s$ le 2.
$G_e = + 2^h 51^m 51^s$ O.
Tvp appr. = $21^h 51^m 51^s$ le 2.

**Tmp.**

$M = 4^h 37^m 17^s$
$A - M = 2^h 56^m 23^s$
$Tmp - A = 2^h 25^m 24^s$
Tmp appr. = $21^h 59^m 04^s$
pp. signe contr. — $4^s$
Tmp = $21^h 59^m 00^s$ le 2.

**Pe.**

Tmp = $21^h 59^m 00^s$
$Em = + 10^m 54^s$
Tvp = $22^h 09^m 54^s$
$G_e = - 2^h 51^m 51^s$ O.
Tvg = $19^h 18^m 03^s$
$P_e = 4^h 41^m 57^s$

**Hv ⊖.**

Hi ☉ = 11°49'50"
ε = — 30"
Ho ☉ = 11°49'20"
T. E = + 8'
Hv ⊖ = 11°57'20"

**Éléments de la *C. des T.***

à $0^h$ le 2, D = 3°33'56",2
pp $p^r$ Tmp = 21'19"
à Tmp, D = 3°55'15" Sud
Δ = 93°55'15"

à $0^h$ le 2, $Em = 0^h 10^m 36^s,88$
pp. $p^r$ Tmp = $17^s$
à Tmp, $Em = 0^h 10^m 53^s,9$

**Calcul de Hv — He.**

$\sin He = \sin L_e \cos \Delta + \cos L_e \sin \Delta \cos P_e = x + y$ (368).

(+) log sin $L_e$ = $\bar{1},806406$
(—) log cos Δ = $\bar{2},834917$
(—) log $x$ = $\bar{2},641323$
T. II. $x$ = — 0,043785
$y$ = + 0,255954
$x + y = \sin He$ = 0,212169
T. II log sin He = $\bar{1},326682$
T. III He = 12°15'00"
Hv = 11°57'20"
Hv — He = — 17'40"
Hv — He = — 17',6

(+) log cos $L_e$ = $\bar{1},885416$
(+) log sin Δ = $\bar{1},998982$
(+) log cos $P_e$ = $\bar{1},523763$
(+) log $y$ = $\bar{1},408161$
T. II. $y$ = + 0,255954

**Calcul de la Cor. Pagel et de $Z_1$.**

(TABLES DE PERRIN).

T. I = + 0,07
T. II = + 0,30
Cor. Pagel = + 0',37
T. III. $Z_1$ = S. 74°,2 E.

**Calcul de $p'_1$ et de $Z_1$.**

(COMPLÉMENTS DES TABLES DE LABROSSE).

T. 10. $p'_1 = - 1^s,5$
$p'_1 = \frac{1}{4} p'_1 = - 0',37$ [2]
T. 11 avec $p'_1 = - 1^s,5$ ; $Z_1$ = S. 74 E.

**Coordonnées du premier point déterminatif Z'.**

| V.[1] | m | N. | O. | |
|---|---|---|---|---|
| N. 74°12' O. | 17,6 | 4,85 | 16,9 | $g$ = 22' |

$L_e$ = 39°49'00" N.
$l$ = 4'51" N.
L' = 39°53'51" N.

$G_e$ = 42°57'45" O.
$g$ = 22'00" O.
G' = 43°19'45" O.

**Transport de la première droite de hauteur.**

| V. | m. | N. | E. | |
|---|---|---|---|---|
| N. 35° E. | 20,5 | 16,8 | 11,8 | $g$ = 15',4 |

L' = 39°53'51" N.
$l$ = 16'48" N.
*Premier point déterminatif transporté* $Z'_1$ $L'_1$ = 40°10'39" N.

G' = 43°19'45" O.
$g$ = 15'24" E.
$G'_1$ = 43°04'21" O.

---

1. On porte Hv — He à l'*opposé* de l'azimut, parce qu'elle est négative.
2. L'astre étant dans l'Est, la correction Pagel et la variation de l'angle au pôle sont égales, mais de signes contraires (371).

## DEUXIÈME OBSERVATION

**Feuille XIII.**

**Tvp appr.**

$\text{Tvg appr.} = 21^h05^m00^s$ le 2.
$G'_1 = +2^h52^m17^s$ O.
$\text{Tvp appr.} = \overline{23^h57^m17^s}$ le 2.

**Tmp.**

$M = 6^h39^m37^s$
$A - M = 2^h56^m24^s$
$\text{Tmp} - A = 2^h25^m24^s$
$\text{Tmp appr.} = \overline{0^h01^m25^s}$ le 3.
pp. signe contr. $= - \; 4^s,4$
$\text{Tmp} = \overline{0^h01^m20^s,6}$ le 3.

**$P_e$.**

$\text{Tmp} = 0^h01^m20^s,6$
$Em = 10^m55^s,5$
$\text{Tvp} = \overline{0^h12^m16^s,1}$
$G'_1 = -\;2^h52^m17^s$ O.
$\text{Tvg} = \overline{21^h19^m59^s,1}$
$P_e = 2^h40^m01^s$

**Hv ⊖.**

$\text{Hi} \odot = 32°50'15''$
$\varepsilon = -\;50''$
$\text{Ho} \odot = \overline{32°49'25''}$
$\text{T. E} = 10'24''$
$\text{Hv} \ominus = \overline{32°59'49''}$

**Éléments de la *C. des T.***

à $0^h$ le 3, $D = 3°57'11'',9$
pp. p^r Tmp $= 1''$
à Tmp, $D = \overline{3°57'13''}$ S
$\Delta = 93°57'13''$

à $0^h$ le 3, $Em = 0^h10^m55^s,5$
pp. p^r Tmp $= 00^s,0$
à Tmp, $Em = \overline{0^h10^m55^s,5}$.

**Calcul de Hv — He.**

$$\sin He = \sin L'_1 \cos \Delta + \cos L'_1 \sin \Delta \cos P_e = x + y.$$

$(+) \log \sin L'_1 = \bar{1},809681$
$(-) \log \cos \Delta = \bar{2},838588$
$(-) \log x = \bar{2},648269$
$\text{T. II. } x = -0,044491$
$y = +0,583853$
$x + y = \sin He = \overline{0,539362}$
$\text{T.II. } \log \sin He = \bar{1},731880$

$\text{T. III. He} = 32°38'30''$
$\text{Hv} = 32°59'49''$
$\text{Hv} - \text{He} = +\;\overline{21'19''}$

$(+) \log \cos L'_1 = \bar{1},883111$
$(+) \log \sin \Delta = \bar{1},998965$
$(+) \log \cos P_e = \bar{1},884227$
$(+) \log y = \bar{1},766303$
$\text{T. II. } y = +0,583853$

**Calcul de la Cor. Pagel et de $Z_2$.**

(TABLES DE PERRIN).

T. I $= +0,11$
T. II $= +1,00$
Cor. Pagel $= +\overline{1',11}$
T. III. $Z_2 = $ S. 49°,6 E.

**Calcul de $p'_2$ et de $Z_2$.**

(COMPLÉMENTS DES TABLES DE LABROSSE).

T. 10. $p^t_2 = -4^s,4$
$p'_2 = \frac{1}{4} p^t_2 = -1',1$

T. 11 avec $p^t_2 = -4^s,4$ } $Z_2 = $ S. 49°,9 E.

**Coordonnées du second point déterminatif $Z'_2$.**

| V | m | S. | E. | |
|---|---|---|---|---|
| [1] S. 49°36' E. | 21,3 | 13,8 | 16,2 | $g = 21',1$ |

$L'_1 = 40°10'39''$ N. $\quad G'_1 = 43°04'21''$ O.
$l = 13'48''$ S. $\quad g = 21'06''$ E.
$L'_2 = \overline{39°56'51''}$ N. $\quad G'_2 = \overline{42°43'15''}$ O.

**Coordonnées de Z″ et G″ — $G'_2$.**

$L'' = L'_2 = 39°56'51''$
$L'_1 - L'' = L'_1 - L'_2 = 13',8$
$G'' - G'_1 = (L'_1 - L'') \times p'_1 = 13,8 \times 0,37 = 5',1$

$G'' - G'_1 = 0°05'06''$ vers l'Ouest.
$G'_1 = 43°04'21''$ O.
$G'' = \overline{43°09'27''}$ O.
$G'_2 = 42°43'15''$ O.
$G'' - G'_2 = \overline{0°26'12''}$

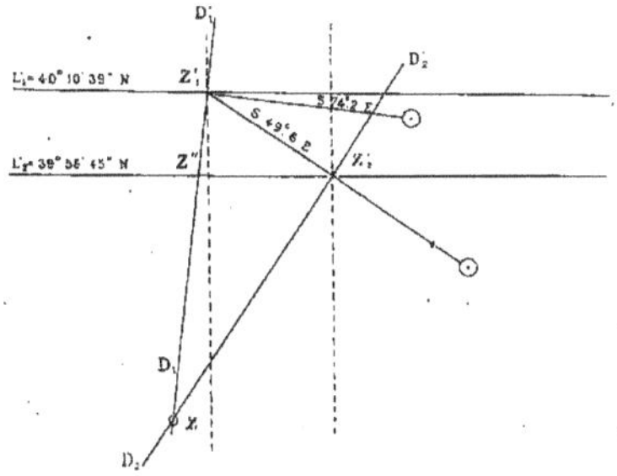


**Calcul de $L'_2$ et de L.**

$$[2]\ \Delta L'_2 = \frac{G'' - G'_2}{p'_2 - p'_1} = \frac{26',2}{0,74} = 35',4$$

$\Delta L'_2 = 0°35'24''$ vers le Sud.
$L'_2 = 39°56'51''$ N.
$L = \overline{39°21'27''}$ N.

**Calcul de $\Delta G'_2$ et de G.**

$\Delta G'_2 = p'_2 \times \Delta L'_2 = 1,11 \times 35,4 = 39'294$
$\Delta G'_2 = 0°39'18''$ vers l'Ouest.
$G'_2 = 42°43'15''$ O.
$G = \overline{43°22'33''}$ O.

**Point observé.**

L = 39°21′ N.
G = 43°23′ O.

---

1. Hv — He étant positive, on la porte dans la direction de l'Azimut.
2. On prend la différence arithmétique $p'_2 - p'_1$, parce que le point Z tombe en dehors des méridiens de Z″ et de $Z'_2$.

# FEUILLE XIV

## POINT OBSERVÉ PAR DEUX HAUTEURS D'ASTRES QUELCONQUES

(MÉTHODE MARCQ)

Voir la règle de la Feuille XIII.

### Formules employées :

$$\operatorname{tg}\varphi = \operatorname{tg}\Delta \cos P_e ; \qquad \sin He = \frac{\sin\Delta \cos P_e \sin(L_e+\varphi)}{\sin\varphi} \ (2) ; \qquad \sin He = \frac{\cos\Delta \sin(L_e+\varphi)}{\cos\varphi} \ (3) ; \qquad \operatorname{tg} Z = \frac{\operatorname{tg} P_e \sin\varphi}{\cos(L_e+\varphi)}.$$

On prend $\varphi < 90^\circ$, si $\Delta$ et P sont de même espèce.

— $\varphi > 90^\circ$, — d'espèces différentes.

He est toujours $< 90^\circ$.

On prend $Z < 90^\circ$ si $P_e$ et $(L_e + \varphi)$ sont de même espèce.

— $Z > 90^\circ$ — d'espèces différentes.

On doit éviter d'employer la formule (2) quand $P_e$ est voisin de $6^h$ ; on emploiera, dans ce cas, la formule (3).

La formule (3), à son tour, est dangereuse quand $\Delta$ est voisine de $90^\circ$.

L'azimut prend toujours le nom de la Latitude, il est Est si Tag $> 12^h$, et Ouest si Tag $< 12^h$.

Feuille XIV.

## (380) POINT OBSERVÉ PAR DEUX HAUTEURS D'ASTRES QUELCONQUES

(MÉTHODE MARCQ)

---

Le 12 mai, vers $11^h46^m$ du soir par $L_e = 40°08'$ N. et $G_e = 50°45'$ E., on a observé dans l'Est :

Hi Altaïr $= 22°15'00''$ — $M = 5^h59^m09^s$ — Tmp — $A = 1^h59^m22^s,7$ à $0^h$ le 12.
$\varepsilon = + 4'00''$ — $A - M = 0^h14^m13^s$ — $a = - 8^s,8$ (Retard).
Élév. œil $= 3^m,6$

De $11^h46^m$ du soir à $2^h16^m$ du matin le navire a parcouru $16^{milles},2$ au N. 46 E. du compas; Variation 8 N.-O.; Dérive 3° $T^d$ ; et à $2^h16^m$ on a observé dans l'Est :

Hi β Andromède $= 9°50'$ — $M = 8^h32^m25^s$.
$\varepsilon = - 30''$ — $A - M = 0^h14^m11^s$.
Élév. œil $= 4^m$.

Déterminer le point observé au moment de la seconde observation.

---

### Première observation. — Altaïr.

**Tvp appr.**

$Tvg = 11^h46^m$ le 12.
$G_e = 3^h39^m$ E.
Tvp appr. $= 8^h07^m$ le 12.

**Tmp.**

$M = 5^h59^m09^s$
$A - M = 0^h14^m13^s$
Tmp $A = 1^h59^m22^s,7$
Tmp appr. $= 8^h12^m44^s,7$
pp. signe contr. $+ 3^s$
Tmp $= 8^h12^m47^s,7$ le 12.

**$P_e$.**

Tmp $= 8^h12^m47^s,7$
Æm $= 3^h21^m20^s,1$
Tsp $= 11^h34^m07^s,8$
$G_e = + 3^h39^m00^s,0$ E.
Tsg $= 15^h12^m59^s,8$
Æ✱ $= - 19^h45^m28^s,6$
Tag $= 19^h27^m31^s,2$ [1]
$P_e = 4^h32^m28^s,8$

**Hv✱.**

Hi ✱ $= 22°15'00''$
$\varepsilon = + 4'00''$
Ho ✱ $= 22°19'00''$
Dép $= 3'22''$
Ha ✱ $= 22°15'38''$
Rm $= 2'21''$
Hv ✱ $= 22°13'17''$

**Éléments de la *C. des T.***

D ✱ $= 8°34'41''$ N.
$\Delta = 81°25'19''$
Æ ✱ $= 19^h45^m28^s,6$

A $0^h$ le 12. Æm $= 3^h19^m59^s,16$
T. VI. *C. des T.* pour Tmp: $1^m20^s,823$ ; $0^s,131$
à Tmp, Æm $= 3^h21^m20^s,1$

**Calcul de Hv — He et de $Z_1$ (368).**

$P_e = 4^h32^m29^s$ (+) log cos $= \bar{1},571302$ — log cos $= \bar{1},571302$ — log tg $= 0,3962$ (+)
$\Delta = 81°25'19''$ (+) log tg $= 0,821415$ — log sin $= \bar{1},995113$
(+) tg φ $= 0,392717$
< 90° φ $= 67°57'30''$ — colog sin $= 0,032962$ — log sin $= 1,9670$ (+)
$L_e = 40°08'00''$
$L_e + \varphi = 108°05'30''$ — log sin $= \bar{1},977980$ — colog cos $= 0,5079$ (—)
log sin He $= \bar{1},577357$ — log tg $Z_1 = 0,8711$ (—)
He $= 22°12'15''$ — $Z_1 =$ N. 97°40′ E. > 90°
Hv $= 22°13'17''$ — ou S. 82°20′ E.
Hv — He $= + 1'02''$

**Calcul de $p'_1$.**

Table D Caillet avec $L_e = 40°08'$, $Z_1 = 82°,3$
on trouve $p'_1 = 0^s,7$
$\frac{1}{4}p'_1 = p'_1 = 0',17$

**Coordonnées du 1er point déterminatif Z′.**

| V. | m. | S. | E. | |
|---|---|---|---|---|
| [2] S. 82° E. | 1,0 | 0,1 | 1 | $g = 1,3$ |

$L_e = 40°08'00''$ N. — $G_e = 54°45'00''$ E.
$l = 00'06''$ S. — $g = 1'18''$ E.
$L' = 40°07'54''$ N. — $G' = 54°46'18''$ E.

**Transport de la première droite de hauteur.**

| V. | m. | N. | E. | |
|---|---|---|---|---|
| N. 41° E. | 16,2 | 12,2 | 10,6 | $g = 13,8$ |

$L' = 40°07'54''$ N. — $G' = 54°46'18''$ E.
$l = 12'12''$ N. — $g = 13'48''$ E.

1er Point déterminatif transporté $Z'_1$ { $L'_1 = 40°20'06''$ N. — $G'_1 = 55°00'06''$ E.

---

1. On a ajouté $24^h$ à Tsg pour rendre la soustraction possible.
2. On porte Hv — He dans la direction de l'azimut, puisque cette différence est positive.

**Feuille XIV.**

## DEUXIÈME OBSERVATION. — β Andromède.

**Tvp appr.**

$$
\begin{aligned}
\text{Tvg} &= 14^h16^m \text{ le } 12.\\
G'_1 &= -\ 3^h40^m \text{ E.}\\
\text{Tvp} &= \overline{10^h36^m} \text{ le } 12.
\end{aligned}
$$

**Tmp.**

$$
\begin{aligned}
\text{M} &= 8^h32^m25^s\\
\text{A} - \text{M} &= 0^h14^m11^s\\
\text{Tmp} - \text{A} &= 1^h59^m22^s,7\\
\text{Tmp appr.} &= \overline{10^h45^m58^s,7}\\
\text{pp. signe contr.} &+ \quad 4^s,0\\
\text{Tmp} &= \overline{10^h46^m02^s,7} \text{ le } 12.
\end{aligned}
$$

**$P_e$.**

$$
\begin{aligned}
\text{Tmp} &= 10^h46^m02^s,7\\
\text{Æm} &= 3^h21^m37^s,3\\
\text{Tsp} &= \overline{14^h07^m40^s,0}\\
G'_1 &= +\ 3^h40^m00^s,0\text{E}\\
\text{Tsg} &= \overline{17^h47^m40^s}\\
\text{Æ} \divideontimes &= -\ 1^h03^m36^s\\
\text{Tag} &= \overline{16^h44^m04^s}\\
P_e &= 7^h15^m56^s
\end{aligned}
$$

**Hv ✳.**

$$
\begin{aligned}
\text{Hi} \divideontimes &= 9^\circ50'00''\\
\varepsilon &= -\ 30''\\
\text{Ho} \divideontimes &= \overline{9^\circ49'30''}\\
\text{Dép} &= -\ 3'33''\\
\text{Ha} \divideontimes &= \overline{9^\circ45'57''}\\
\text{Rm} &= -\ 5'27''\\
\text{Hv} \divideontimes &= \overline{9^\circ40'30''}
\end{aligned}
$$

**Éléments de la *C. des T.***

$$
\begin{aligned}
\text{D} \divideontimes &= 35^\circ02'24'',6\\
\Delta &= 54^\circ27'35''\\
\text{Æ} \divideontimes &= 1^h03^m36^s,3
\end{aligned}
$$

A $0^h$ le 12. Æm $= 3^h19^m51^s,16$
T. VI. *C. des T.* pour Tmp $\{\ 1^m46^s,121$ ; $0^s,008$
à Tmp, Æm $= \overline{3^h21^m37^s,3}$

### Calcul de Hv — He et de $Z_2$.

$$
\begin{aligned}
P_e &= 7^h15^m56^s \quad (-)\ \log\cos = \bar{1},512275\\
\Delta &= 54^\circ57'35'' \quad (+)\ \log tg = 0,154101 \qquad (+)\ \log\cos = \bar{1},759042 \qquad \log tg = 0,4634\ (-)\\
& (-)\ \log tg\,\varphi = \overline{\bar{1},666376}\\
& > 90^\circ \quad \varphi = 155^\circ07' \qquad (-)\ \text{colog}\cos = 0,042313 \qquad \log\sin = \bar{1},6240\ (+)\\
& L'_1 = 40^\circ20'06''\\
& L'_1 + \varphi = \overline{195^\circ27'06''} \qquad (-)\ \log\sin = \bar{1},425530 \qquad \text{colog}\cos = 0,0160\ (-)\\
& (+)\ \log\sin \text{He} = \overline{\bar{1},226885} \qquad \log tg\, Z_2 = \overline{0,1034}\ +\\
& \text{He} = 9^\circ42'30'' \qquad Z_2 = \text{N}51^\circ45'\text{E.} < 90^\circ\\
& \text{Hv} = 9^\circ40'30''\\
& \text{Hv} - \text{He} = \overline{-\ 2'00''}
\end{aligned}
$$

(The mark 1 stands before $L'_1 + \varphi$.)

**Calcul de $p'_1$.**

Table D Caillet avec $\{L'_1 = 40^\circ20'$, $Z_2 = 51^\circ\ 7'\}$
on trouve $p'_2 = 4^s,1$
$p'_2 = \frac{1}{4} p'_2 = 1',03$

### Coordonnées du second point déterminatif $Z'_2$.

| V. | m. | S. | O. | |
|---|---|---|---|---|
| [2] S. 52° O. | 2 | 1,2 | 1,6 | $g = 2,1$ |

$$
\begin{aligned}
L'_1 &= 40^\circ20'06'' \text{ N.} & G'_1 &= 55^\circ00'06'' \text{ E.}\\
l &= 1'12'' \text{ S.} & g &= 2'06'' \text{ O.}\\
L'_2 &= \overline{40^\circ18'54''} \text{ N.} & G'_2 &= \overline{54^\circ58'00''} \text{ E.}
\end{aligned}
$$

### Coordonnées de $Z''$.

$$
\begin{aligned}
L'' &= L'_2 = 40^\circ18'54'' \text{N.}\\
L'_1 - L'' &= L'_1 - L'_2 = 1',2\\
G'' - G'_1 &= p'_1 \times (L'_1 - L'') = 0,17 \times 1,2 = 0',2\\
G'' - G'_1 &= 0^\circ00'12'' \text{ vers l'Ouest}\\
G'_1 &= 55^\circ00'06'' \text{ E.}\\
G'' &= \overline{54^\circ59'54''} \text{ E.}\\
G'_2 &= 54^\circ58'00'' \text{ E.}\\
G'' - G'_2 &= \overline{1'54''}
\end{aligned}
$$

### Calcul de $\Delta L'_2$ et de L.

$$
\begin{aligned}
{}^{(3)}\quad \Delta L'_2 &= \frac{G'' - G'_2}{p'_1 + p'_2} = \frac{1,9}{1,2} = 1',6\\
\Delta L'_2 &= 0^\circ01'36'' \text{ vers le Sud}\\
L'_2 &= 40^\circ18'54'' \text{ N.}\\
L &= \overline{40^\circ17'18''} \text{ N.}
\end{aligned}
$$

### Calcul de $\Delta G'_2$ et de G.

$$
\begin{aligned}
\Delta G'_2 &= p'_2 \times \Delta L'_2 = 1,03 \times 1,6 = 1',65\\
\Delta G'_2 &= 0^\circ01'39'' \text{ vers l'Est}\\
G'_2 &= 54^\circ58'00'' \text{ E.}\\
G &= \overline{54^\circ59'39''} \text{ E.}
\end{aligned}
$$

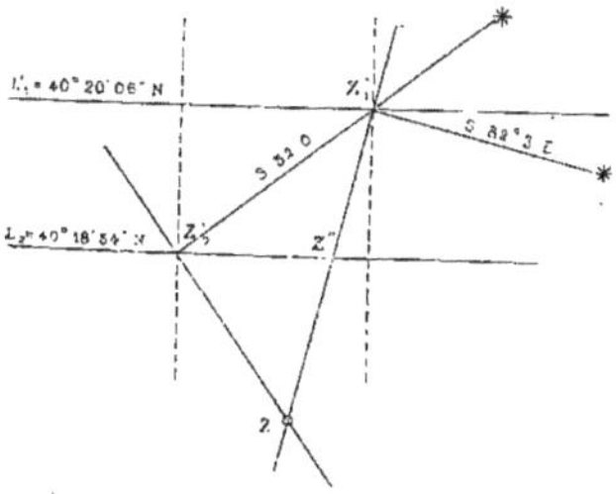


### Point observé.

L = 40° 17′ Nord
G = 55° 00′ Est

---

1. Le sinus de 195° 27′ 06″ est égal à — sinus de 15° 27′ 06″ et cosinus de 195° 27′ 06″ est égal à — cos de 15° 27′ 06″.

2. Opposé de l'azimut, parce que Hv — He est négative.

3. On prend la somme arithmétique $p'_1 + p'_2$ parce que le point Z tombe entre les méridiens de $Z'_2$ et de $Z''$.

# FEUILLE XV

## POINT PAR DEUX HAUTEURS SIMULTANÉES

(MÉTHODE MARCQ)

RÈGLE. — Observer deux astres dont la différence d'azimut soit aussi voisine que possible de 90°.

Voir les formules employées à la Feuille XIV.

Feuille XV.

(381) POINT PAR DEUX HAUTEURS SIMULTANÉES.

(MÉTHODE MARCQ.)

Le 13 mai, vers $2^h16^m$ du matin, par $\left\{\begin{array}{l} L_e = 40°20'12'' \text{ N.} \\ G_e = 55°00'18'' \text{ E.}\end{array}\right\}$ on a observé dans l'Est :

| | | |
|---|---|---|
| Hi *Altaïr* $= 47°32'00''$<br>$\varepsilon = -\ 30'$<br>Élév. œil $= 4^m$ | $M = 8^h22^m26^s$<br>$A - M = 0^h14^m11^s$ | $Tmp - A = 1^h59^m22^s,7$ à $0^h$ le 12.<br>$a = -\ 8^s,8$ (Retard). |

et, immédiatement après, également dans l'Est :

| | | |
|---|---|---|
| Hi$\beta$ *Andromède* $= 9°50'00''$<br>$\varepsilon = -\ 30''$<br>Élév. œil $= 4^m$ | $M = 8^h32^m25^s$<br>$A - M = 0^h14^m11^s$ | Relèv^t^ au compas. N. 62° E.<br>Variation. 10° N.-O. |

Déterminer le point observé au moment de la double observation.

---

## Altaïr.

**Tvp appr.**

$Tvg = 14^h16^m00^s$ le 2.
$G_e = 3^h40^m01^s$ E.
Tvp appr. $= 10^h36^m$ le 2.

**Tmp.**

$M = 8^h22^m26^s$
$A - M = 0^h14^m11^s$
$Tmp - A = 1^h59^m22^s,7$
Tmp appr. $= 10^h35^m59^s,7$
pp.sign.contr. $= +\ 3^s,8$
$Tmp = 10^h36^m03^s,5$ le 2.

**$P_e$.**

$Tmp = 10^h36^m03^s,5$
$Æm = 3^h21^m35^s,7$
$Tsp = 13^h57^m39^s,2$
$Æ✳ = -\ 19^h45^m28^s,6$
$Tap = 18^h12^m10^s,6$ [1]
$G_e = +\ 3^h40^m01^s$ E.
$Tag = 21^h52^m11^s,6$
$P_e = 2^h07^m48^s,4$

**Hv ✳.**

Hi ✳ $= 47°32'00''$
$\varepsilon = -\ 30''$
Ho ✳ $= 47°31'30''$
Dép. $= -\ 3'33''$
Har ✳ $= 47°27'57''$
$Rm = -\ 53''$
Hv ✳ $= 47°27'04''$

**Éléments de la *C. des T.***

D ✳ $= 8°34'41''$ N.
$\Delta = 81°25'19''$
$Æ$ ✳ $= 19^h45^m28^s,6$

à $0^h$ le 12, $Æm = 3^h19^m51^s,16$
T. VI. *C. des T.* pour Tmp. $\quad 1^m44^s,49$
à Tmp, $Æm = 3^h21^m35^s,7$

**Calcul de Hv — Ho.**

(+) $\log \cos P_e = \bar{1},928657$
(+) $\log \operatorname{tg} \Delta = 0,821415$
(+) $\log \operatorname{tg} \varphi = 0,750072$
$< 90°\ \varphi = 79°55'00''$
$L_e = 40°20'12''$
$L_e + \varphi = 120°15'12''$

$\log \cos P_e = \bar{1},928657$
$\log \sin \Delta = \bar{1},995113$

$\operatorname{colog} \sin \varphi = 0,006760$

$\log \sin (L_e + \varphi) = \bar{1},936413$

$\log \sin He = \bar{1},866943$
$He = 47°24'00''$
$Hv = 47°27'04''$
$Hv - He = +\ 3'04''$

**Calcul de $Z_1$.**

[2] TABLES DE LABROSSE.

Avec $\left\{\begin{array}{l} 12^h - P_e = 9^h52^m \\ L_e = 40°20' \\ \Delta = 81°25' \end{array}\right.$
on trouve $Z_1$ = N. 129 E.
S. 51 E.

**Calcul de $p'_1$.** [4]

Table D Caillet $\Big\}$ avec $\left\{\begin{array}{l} Z_1 = 51° \\ L_e = 40°20' \end{array}\right.$
on trouve $p^s_1 = -\ 4^s,2$
$\frac{1}{4} p^s_1 = p'_1 = -\ 1',05$

**Coordonnées du premier point déterminatif Z'.**

| V. | m. | s. | E. | |
|---|---|---|---|---|
| [3] S. 51 E. | 3,1 | 2,0 | 2,4 | $g = 3,1$ |

$L_e = 40°20'12''$ N. $\qquad G_e = 55°00'18''$E
$l = 2'00''$ S. $\qquad g = 3'06''$E.
$L' = L'_1 = 40°18'12''$ N. $\qquad G' = G'_1 = 55°03'24''$E.

---

1. On a ajouté 24h à Tsp pour rendre la soustraction possible.
2. Nous avons employé les Tables de Labrosse, mais il serait préférable de se servir de celles de Perrin, au point de vue de l'exactitude.
3. Hv — He étant positive, on la porte dans la direction de l'azimut.
4. Voir la note de la Feuille XVI.

Feuille XV.

## β Andromède.

**Tmp.**

$M = 8^h 32^m 25^s$
$A - M = 0^h 14^m 11^s$
$Tmp - A = 1^h 59^m 22^s,7$
$Tmp\ appr. = 10^h 45^m 58^s,7$
$pp.sign.contr. = + \quad 4^s$
$Tmp = 10^h 46^m 02^s,7$ le 12.

**$P_c$.**

$Tmp = 10^h 46^m 02^s,7$
$\text{Æ}m = 3^h 21^m 37^s,3$
$Tsp = 14^h 07^m 40^s,0$
$\text{Æ}✳ = - 1^h 03^m 36^s,7$
$Tap = 13^h 04^m 03^s,7$
$G_e = + 3^h 40^m 01^s$
$Tag = 16^h 44^m 05^s$
$P_e = 7^h 15^m 55^s$

**Hv ✳.**

$Hi ✳ = 9°50'00''$
$\varepsilon = - 30''$
$Ho ✳ = 9°49'30''$
$Dép. = - 3'33''$
$Har ✳ = 9°45'57''$
$Rm = + 5'27''$
$Hv ✳ = 9°40'30''$

**Éléments de la *C. des T.***

$D ✳ = 35°02'25''$
$\Delta = 54°57'35''$
$\text{Æ} ✳ = 1^h 03^m 36^s,3$

à $0^h$ le 12, $\text{Æ}m = 3^h 19^m 51^s,16$
T. VI. *C. des T.* pr Tmp. $\} \quad 1^m 46^s 129$
à Tmp, $\text{Æ}m = 3^h 21^m 37^s,3$

**Calcul de Hv — He et de $Z_2$.**

$(-)\ \log \cos P_e = \bar{1},512183$
$(+)\ \log tg\, \Delta = 0,154101$
$(-)\ \log tg\, \varphi = \bar{1},666284$
$> 90\ \varphi = 155°07'15''$
$L_e = 40°20'12''$
$L_e + \varphi = 195°27'27''$

$(+)\ \log \cos \Delta = \bar{1},759042$
$(-)\ \text{colog} \cos \varphi = 0,042298$
$(-) \log \sin (L_e + \varphi) = \bar{1},425758$
$\log \sin He = \bar{1},227098$
$He = 9°42'45'$
$Hv = 9°40'30'$
$Hv - He = - 2'15''$

[1] Relèvt au compas = N. 62 E. +
Variation N.-O. = 10 —
Azimut vrai $Z_2$ = N. 52 E.

**Calcul de $p'_2$.**

Table D Caillet $\}$ avec $\{ L_e = 40°20'$, $Z_2 = 52°$
on trouve $p_2^s = + 4^s,14$
$\frac{1}{4} p_2^s = p'_2 = + 1',04$

**Coordonnées du second point déterminatif $Z'_2$.**

| V. | m. | S. | O. | |
|---|---|---|---|---|
| [2] S. 52 O. | 2,2 | 1,4 | 1,7 | $g = 2,2$ |

$L_e = 40°20'12''$ N.
$l = 1'24''$ S.
$L'_2 = 40°18'48''$ N.

$G_e = 55°00'18''$ E.
$g = 2'12''$ O.
$G'_2 = 54°58'06''$ E.

**Coordonnées du point Z″.**

$L'' = L'_2 = 40°18'48''$ N.
$L' = L'_1 = 40°18'12''$ N.
$L'' - L' = L'' - L'_1 = 0°00'36'' = 0',6$
$G'' - G' = G'' - G'_1 = p'_1 \times (L'' - L') = 1,05 \times 0,6$
$G'' - G' = G'' - G'_1 = 0°00'38''$ vers l'Est.
$G' = G'_1 = 55°03'24''$ E.
$G'' = 55°04'02''$ E.
$G'_2 = 54°58'06''$
$G'' - G'_2 = 5'56''$

**Calcul de $\Delta L'_2$ et de L.**

[3] $\Delta L'_2 = \frac{G'' - G'_2}{p'_1 + p'_2} = \frac{5,96}{2,09} = 2',837$
$\Delta L'_2 = 0°02'50''$ vers le Sud.
$L'_2 = 40°18'48''$ N.
$L = 40°15'58''$ N.

**Calcul de $\Delta G'_2$ et de G.**

$\Delta G'_2 = p'_2 \times \Delta L'_2 = 1,04 \times 2,837 = 2',95$
$\Delta G'_2 = 0°02'57''$ vers l'Est.
$G'_2 = 55°01'03''$ E.
$G = 55°01'03''$ E.

**Point observé.**

$L = 40°16'$ N.
$G = 55°01'$ E.

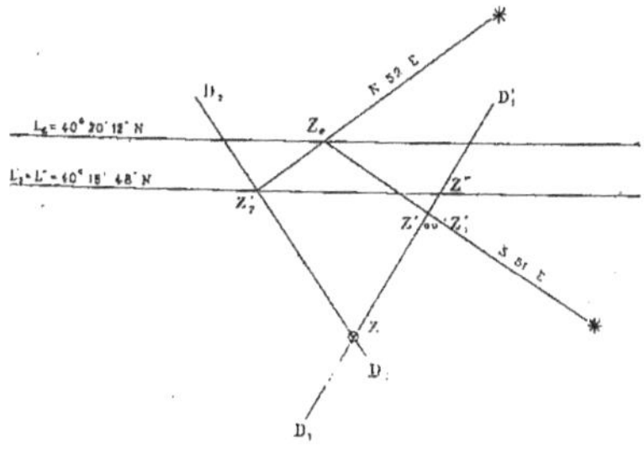


1. Quand le point exact Z est à une faible distance du point déterminatif $Z'_2$, l'azimut déduit du relèvement au compas est suffisant pour déterminer la direction de la droite de hauteur. Si la position du navire n'a pas été rectifiée depuis longtemps, il est préférable de calculer l'azimut.

2. Hv — He étant négative se porte à l'opposé de l'azimut.

3. Le point Z tombe entre les méridiens de Z″ et de $Z'_2$, on prend alors la somme arithmétique $p'_1 + p'_2$.

# FEUILLE XV *bis*

## POINT PAR DEUX HAUTEURS QUELCONQUES

(PROCÉDÉ GRAPHIQUE)

**Feuille XV *bis*.**

# POINT PAR DEUX HAUTEURS QUELCONQUES.

(PROCÉDÉ GRAPHIQUE)

## EXEMPLE I.

Le calcul ayant donné les résultats suivants :

| **1er point déterminatif transporté $Z'_1$.** | **2e point déterminatif $Z'_2$.** |
|---|---|
| $L'_1 = 40°20'12''$ Nord. | $L'_2 = 40°20'12''$ Nord. |
| $G'_1 = 55°05'15''$ Est. | $G'_2 = 54°56'30''$ Est. |
| 1er azimut S. 50°,5 E. | 2e azimut N. 51°,3 E. |

On demande de déterminer par une construction graphique, sur papier quadrillé, les coordonnées L, G du point exact Z.

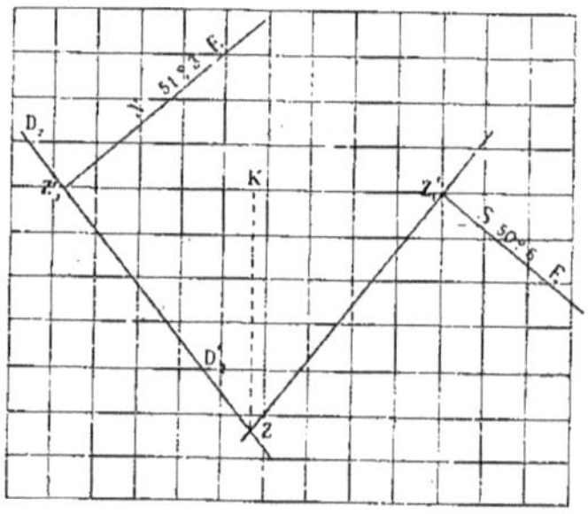


Soit $Z'_1$ un point arbitraire ; tirons $Z'_1 Z$ perpendiculaire à la direction S. 50°,5 E. du 1er azimut, on aura la 1re droite de hauteur.

Convenons de prendre, pour l'arc de 1' de ***longitude*** ou d'*équateur*, la graduation du papier quadrillé. Le point $Z'_2$ sera placé à la même latitude que $Z'_1$, mais à 8,75 graduations sur la gauche, puisque $G'_1 - G'_2 = 8'45'' = 8{,}75$ et que $Z'_2$ doit être dans l'Ouest.

La perpendiculaire $D_2 D'_2$ à la direction N. 51°,3 E. du 2e azimut sera la 2e droite de hauteur, qui coupera $Z'_1 Z$ au point exact Z.

Il s'agit maintenant d'évaluer $\Delta G'_2$ et $\Delta L'_2$. On voit d'abord que $\Delta G'_2$ ou $Z'_2 K$ vaut environ 4,4 graduations et par suite 4'24" ; on aura :

$$G = 54°56'30'' + 4'24'' = 54°00'54''\ E.$$

Quant à $\Delta L'_2$, elle est égale à ZK, mesurée en prenant pour unité la *minute de latitude croissante*. Or on voit, sur la figure, que ZK contient environ 5,4 graduations ou *minutes d'équateur* ; par suite ZK contiendra 5,4 cos $L_m$ *minutes de latitude croissante*. Pour obtenir le produit 5,4 cos $L_m$, entrons dans la Table de point avec $L'_1 = L'_2$ comme *angle de route* et 5,4 dans la colonne des *milles* et nous lirons le produit dans la colonne N.-S. On trouve ainsi 4,1 d'où $\Delta L'_2 = 4'06''$ et $L = 40°20'12'' - 4'06'' = 40°16'06''$ Nord.

Le calcul avait donné (voir Feuille XI) : $\Delta G'_2 = 4'18''$ et $\Delta L'_2 = 4'08''$.

**Feuille XV *bis*.**

### EXEMPLE II.

Le calcul ayant donné les résultats suivants :

| 1er point déterminatif transporté $Z'_1$. | 2e point déterminatif $Z'_2$. |
| --- | --- |
| $L'_1 = 40°18'12''$ N. | $L'_2 = 40°18'48''$ N. |
| $G'_1 = 55°03'24''$ E. | $G'_2 = 54°58'06''$ E. |
| 1er azimut S. 51° E. | 2e azimut N. 51°46' E. |

Déterminer par une construction graphique, sur papier quadrillé, les coordonnées L, G du point exact Z.

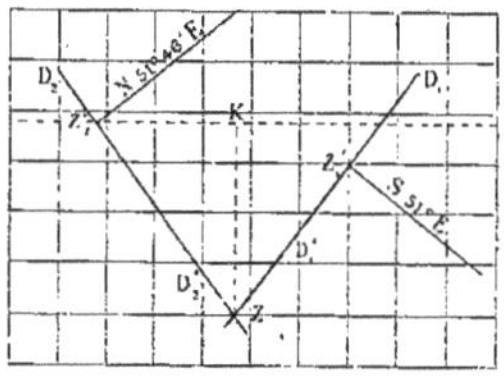


Soit $Z'_1$ un point arbitraire ; tirons $D_1D'_1$ perpendiculaire à la direction S. 51° E. du 1er azimut, on aura la 1re droite de hauteur.

Convenons de prendre, pour l'arc de 1' de *longitude* ou d'*équateur*, la graduation du papier quadrillé. Le parallèle de latitude $L'_2$ est distant du parallèle $L'_1$ de 0,6 *minutes de latitude croissante* (puisque $L'_2 - L'_1 = 0'36'' = 0',6$) et par suite de $\frac{0,6}{\cos Lm}$ *minutes d'équateur.*

Pour obtenir le quotient $\frac{0,6}{\cos Lm}$, entrons dans la Table de point avec $L'_2$ comme *angle de route* et 0,6 dans la colonne N.-S., nous lirons ce quotient dans la colonne des *milles*. On trouve ainsi le nombre 0,8 ; par suite le parallèle $L'_2$ sera au-dessus du parallèle $L'_1$ de 0,8 graduations.

Marquons maintenant le point $Z'_2$ sur ce parallèle à une distance du méridien $G'_1$ égale à 5,3 graduations, puisque $G'_1 - G'_2 = 5'18'' = 5',3$, et tirons la 2e droite de hauteur $D_2D'_2$ ; nous aurons le point exact Z.

Il s'agit d'évaluer $\Delta G'_2$ et $\Delta L'_2$ : on procède comme dans l'exemple I.

On voit que $\Delta G'_2 = Z'_2K$ vaut environ 3 graduations, d'où $\Delta G'_2 = 3'$ et $G = 54°58'06'' + 3' = 55°01'06''$ E.

De même on trouve que ZK vaut 3,8 graduations ou *minutes d'équateur* et par suite 3,8 cos Lm *minutes de latitude croissante.*

La Table de point donne 3,8 cos Lm = 2,9, d'où : $\Delta L'_2 = 2',9 = 2'54''$ et $L = 40°18'48'' - 2'54'' = 40°15''54$ N.

Le calcul avait donné (voir Feuille XV) : $\Delta G'_2 = 2'57''$ et $\Delta L'_2 = 2'50''$.

---

Remarque. — Un officier des montres peut être conduit à employer le graphique sur papier quadrillé quand, n'ayant lui-même à sa disposition qu'un routier, il sait que le commandant portera le point sur une carte à grande échelle. En dehors de ce cas particulier, il est de beaucoup préférable de tracer les droites de hauteur sur la carte.

---

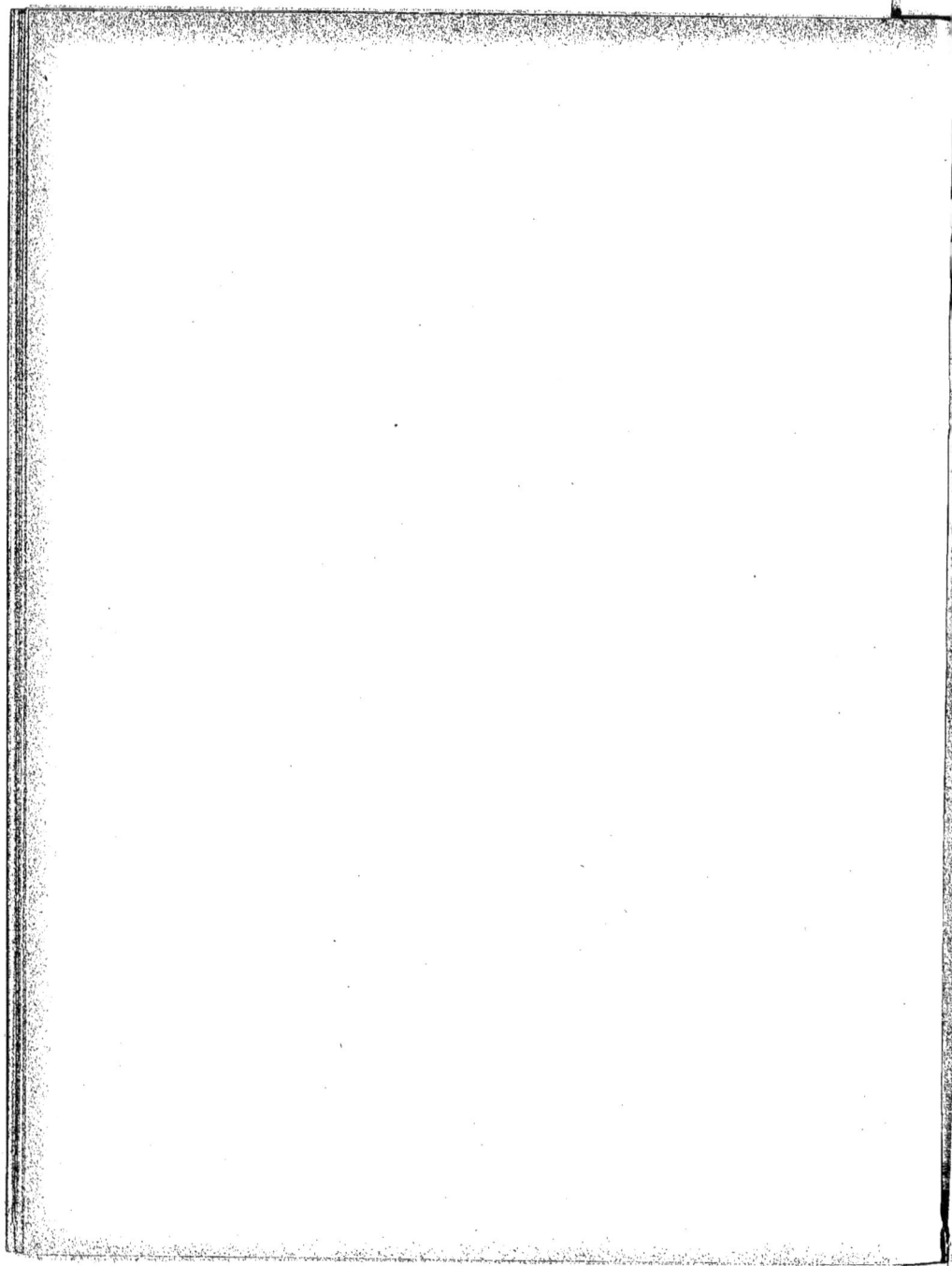

# FEUILLE XVI

## POINT OBSERVÉ PAR UN ANGLE HORAIRE DU SOLEIL ET LA MÉRIDIENNE

Formules principales :

$$\sin \frac{P}{2} = \sqrt{\frac{\cos S \sin (S - Hv)}{\cos L_a \sin \Delta}};$$

$$p'_1 = \frac{2d - d' + d''}{2\delta}; \qquad \Delta G'_1 = p'_1 \times \Delta L'_1.$$

Feuille XVI.

## (382) POINT OBSERVÉ A MIDI PAR UN ANGLE HORAIRE DE SOLEIL ET UNE HAUTEUR MÉRIDIENNE DU SOLEIL.

Le 16 juin, vers $7^h25^m$ du matin, le point estimé étant :

$L_e = 9°37'$ N., $G_e = 31°01'$ O., on a observé Hi☉ $= 23°48'30''$ $\varepsilon = +2'45''$ Élév. œil $= 5^m,3$ à l'heure du compteur $M = 3^h01^m02^s$. On a, d'ailleurs, $A - M = 1^h20^m28^s$, $Tmp - A = 5^h11^m56^s,8$ à $0^h$ le 15 juin, $a = -15^s,37$ (Retard).

Depuis l'observation jusqu'à midi on a fait 18,6 milles au N. 20 E. du compas, Variation 10 N.-E., Dérive $5°T^d$; et à midi on a pris, face au Nord, la hauteur méridienne Hi☉ $= 76°02'00''$, même erreur, même élévation.

Déterminer le point observé à midi.

---

### CALCUL DU MATIN

**Tvg approchée.**

Tvg appr. $= 19^h25^m$ le 15.
$G_e = + 2^h04^m$ O.
Tvp appr. $= 21^h29^m$ le 15.

**Tmp et Tvp.**

$M = 3^h01^m02^s$
$A - M = 1^h20^m28^s$
$Tmp - A = 5^h11^m56^s,8$
Tmp appr. $= 21^h33^m26^s,8$
pp. signe contr. $= + 13^s,8$
$Tmp = 21^h33^m40^s,6$ le 15.
$Em = 11^h59^m38^s,3$
$Tvp = 21^h33^m18^s,9$

**Éléments de la *C. des T.***

Déclin. à $0^h$ le 15 $= 23°19'14'',5$
$5'',91 \times 21,56 = + 2'07'',4$
D à Tmp $= 23°21'21'',9$ Nord.
$\Delta = 66°38'38''$

$Em$ à $0^h$ le 15 $= 11^h59^m49^s,73$
$0^s,53 \times 21,56 = - 11^s,42$
$Em$ à Tmp $= 11^h59^m38^s,3$

**Calcul de G.**

Hi☉ $= 23°48'30''$
$\varepsilon = + 2'45''$
Ho☉ $= 23°51'15''$
T. E. $= + 9'48''$
Hv☉ $= 24°01'03''$
$L_e = 9°37'00''$
$\Delta = 66°38'38''$
2 S. $= 100°16'41''$
S. $= 50°08'20''$
S — Hv $= 26°07'17''$

colog cos $= 0,000146$
colog sin $= 0,037123$
log cos $= \bar{1},806822$
log sin $= \bar{1},643715$
$2 \log \sin \frac{P}{2} = \bar{1},493806$
$\log \sin \frac{P}{2} = \bar{1},746903$
$\frac{P}{2} = 2^h15^m46^s$
$P = 4^h31^m32^s$
$Tvg = 19^h28^m28^s$
$Tvp = 21^h33^m19^s$
$G' = 2^h04^m51^s$
$G' = 31°12'45''$ O.

$d = 5,3$
$2d = 10,6$
$-d' = -37,8$
$d'' = 64,4$
$\delta = 46,9$
$2\delta = 93,8$

**Calcul de $p'_1$.**

$2d - d' + d'' = + 37,2$
$\frac{2d - d' + d''}{2\delta} = \frac{+37,2}{93,8} = + 0,40$
$p'_1 = + 0',40$
$p^s_1 = 4p'_1 = + 1^s,60$

**Calcul de Z.**

Table D Caillet avec $L_e = 9°37'$, $p^s_1 = + 1^s,6$
on trouve Z = N. 68°,5 E.

**Calcul direct de Z.**

(TABLES DE LABROSSE).

avec $L_e = 9°37'$, $\Delta = 66°38'$, $12^h - P = 7^h28^m$
on trouve Z = N. 68° E.

**Calcul de $p'_1$ par la T. D Caillet.**

avec $L_e = 9°37'$, $Z = 68°$
on trouve $p^s_1 = + 1^s,6$
$p'_1 = \frac{1}{4} p^s_1 = + 0',4$

*Premier point déterminatif* Z' $\begin{cases} L' = L_e = 9°37' \text{ Nord.} \\ G' = 31°12'45'' \text{ Ouest.} \end{cases}$

Feuille XVI.

## CALCUL DE MIDI

### Transport de la droite de hauteur.

| V. | m. | N. | E. |
|---|---|---|---|
| N. 35 E. | 18,6 | 15,2 | 10,7 |

$L_e = L' = 9°37'$ N. $G' = 31°12'45''$O.

$l = 15'12''$ N. $g = 10'42''$E.

$L'_1 = 9°52'12''$ N. $G'_1 = 31°02'03''$O.

*Premier point déterminatif transporté* $Z'_1$ $\begin{cases} L'_1 = 9°52'12'' \text{ Nord.} \\ G'_1 = 31°02'03'' \text{ Ouest.} \end{cases}$

**Tvp.**

Tvg = $0^h 00^m 00^s$ le 16 juin.

$G'_1 = + 2°04^m 08^s$

Tvp = $2^h 04^m 08^s$ le 16 juin.

**Déclinaison à midi.**

D à $0^h$ vraie le 16 = $23°21'36'',5$

$4'',88 \times 2,1 = 10'',2$

D à Tvp = $23°21'47''$ Nord.

**Hv⊖ et L.**

Hi ⨀ = $76°02'00''$

ε = + $2'45''$

Ho ⨀ = $76°04'45''$

Table E = $11'36''$

Hv⊖ = $76°16'20''$

90 — Hv⊖ = $13°43'39''$ Sud.

D = $23°21'46''$ Nord.

L = $9°38'07''$ Nord.

$L'_1 = 9°52'12''$ Nord.

Erreur de la latitude $= L'_1 - L = \Delta L'_1 = 14'05'' = 14',1$

Erreur de la longitude $\Delta G'_1 = \Delta L'_1 \times p'_1 = 14,1 \times 0,4 = 5',64 = 5'38''$

$G'_1 = 31°02'03''$ O.

$\Delta G'_1 = 5'38''$ vers l'Est.

$G = 30°56'25''$ O.

*Point à midi* $\begin{cases} L = 9°38' \text{ Nord.} \\ G = 30°56' \text{ Ouest.} \end{cases}$

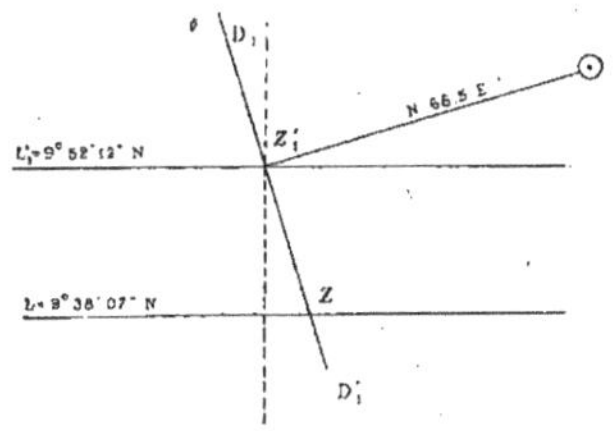


Nota. — Quand on calcule $p'_1$ par la table D, l'argument est Z, si Z < 90°, et 180° — Z, si Z > 90°. Dans le premier cas, $p'_1$ est positive ; elle est négative dans le second.

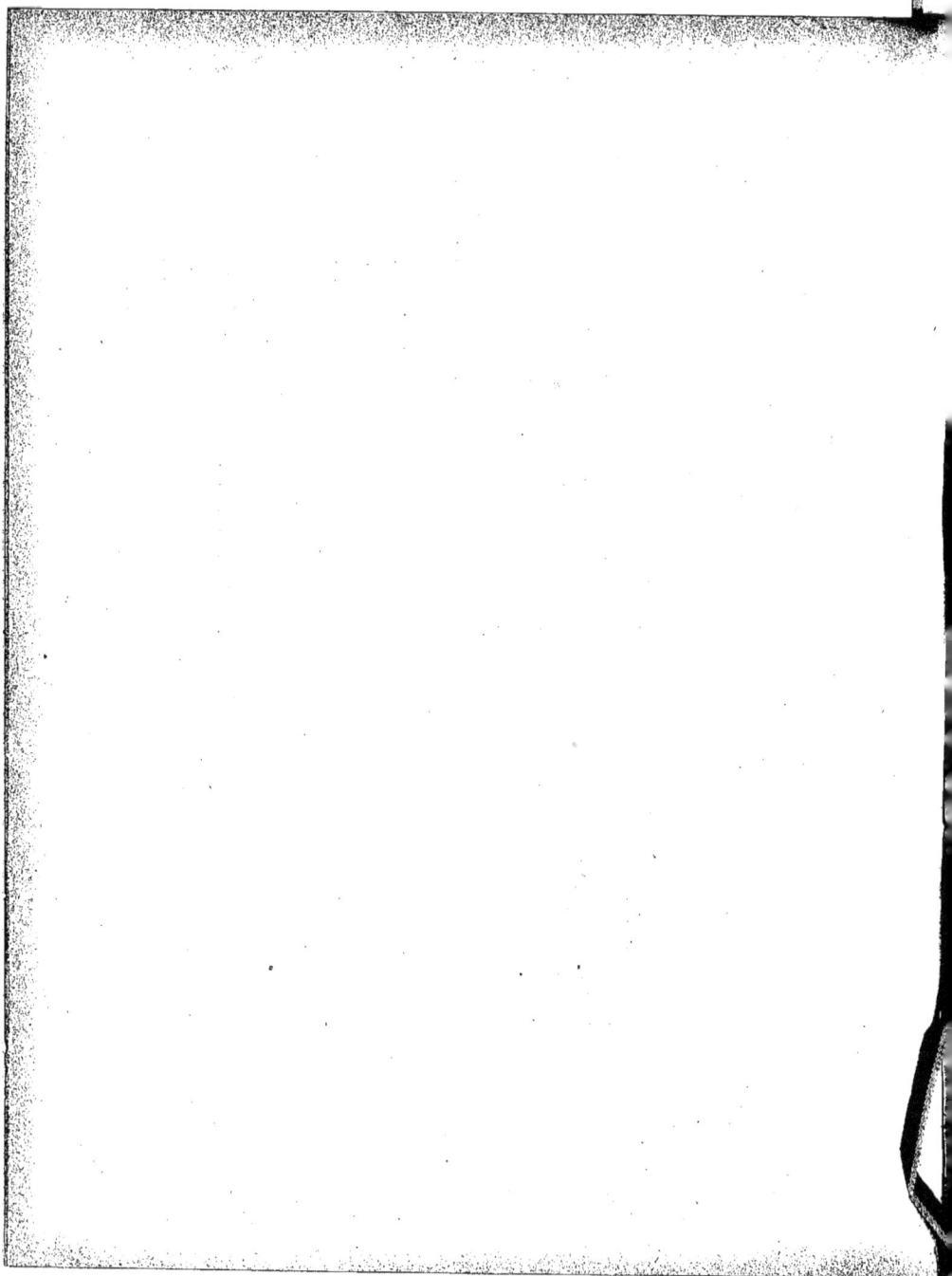

# FEUILLE XVII

## POINT PAR LA MÉRIDIENNE ET UN ANGLE HORAIRE DANS L'APRÈS MIDI

Formule employée :

$$\sin \frac{P}{2} = \sqrt{\frac{\cos S \sin (S - Hv)}{\cos L'_1 \sin \Delta}}.$$

Feuille XVII.

## (382) POINT PAR LA MÉRIDIENNE ET UN ANGLE HORAIRE DU SOLEIL DANS L'APRÈS-MIDI

Le 11 février, par $\left\{ \begin{array}{l} L_r = 39°43' \text{ Sud} \\ G_e = 135°45' \text{ Est} \end{array} \right\}$ on a observé, face au Nord, la hauteur méridienne du bord inférieur du soleil Hi ☉ = 64°12′30″ ; $\varepsilon$ = — 3′10″ ; Élév. œil = $5^m,7$.

De midi à $5^h$ du soir on file $6^n,2$ au S. 10 E. du compas ; variation 12 N.-O. ; et à $5^h$ du soir une deuxième observation du soleil donne :

Hi ☉ = 22°20′30″ même erreur, même élévation.
M = $4^h03^m12^s$ Tmp — A = $8^h45^m22^s$ à $0^h$ le 10.
A — M = $7^h11^m31^s$ $a$ = — $15^s74$ (Retard).

Déterminer le point observé au moment de la seconde observation.

### OBSERVATION MÉRIDIENNE

**Tvp.**

Tvg = $24^h00^m00^s$ le 10.
$G_e$ = — $9^h03$ E.
Tvp = $14^h57^m$ le 10.

**Hv ☉ méridienne.**

Hi ☉ = 64°12′30″
$\varepsilon$ = — 3′10″
Ho ☉ = 64°09′20″
T. E = + 11′42″
Hv ☉ = 64°21′02″

**Déclinaison.**

à $0^h$ vraie, le 10, D = 14°20′30″,7
pp. p^r Tvp = 12′13″,8
à Tvp, D = 14°08′17″ Sud.

**Latitude.**

90 — Hv ☉ = 25°38′58″ Sud.
D = 14°08′17″ Sud.
Latitude L′ = 39°47′15″ Sud.

**Transport du premier lieu géométrique (parallèle de latitude L′).**

| V. | m | S. | E. | |
|---|---|---|---|---|
| S. 22 E. | 6,2 × 5 = 31,0 | 28,7 | 11,6 | $g$ = 15 |

L′ = 39°47′15″ S.
$l$ = 28′42″ S.
$L'_1$ = 40°15′57″ S.

$G_e$ = G′ = 135°45′ E.
$g$ = 15′ E.
$G'_1$ = 136°00′ E.

### DEUXIÈME OBSERVATION

**Tvp appr.**

Tvg = $5^h00^m00^s$ le 11.
$G'_1$ = — $9^h04^m$ E.
Tvp appr. = $19^h56^m$ le 10.

**Tmp et Tvp.**

M = $4^h03^m12^s$
A — M = $7^h11^m31^s$
Tmp — A = $8^h45^m22^s$
Tmp appr. = $20^h00^m05^s$
pp. signe contr. = + $13^s,1$
Tmp = $20^h00^m18^s,1$ le 10.
E$m$ = $11^h45^m32^s,4$
Tvp = $19^h45^m50^s,5$

**Éléments de la *C. des T.***

à $0^h$ moy. le 10, D = 14°20′42″,5
pp. p^r Tmp = 16′21″,8
à Tmp, D = 14°04′20″,7 S.
Δ = 75°55′39″

à $0^h$ moy. le 10, E$m$ = $11^h45^m32^s,7$
pp. p^r Tmp = $0^s,3$
à Tmp, E$m$ = $11^h45^m32^s,4$

**Feuille XVII.**

**Calcul de $G'_2$.**

$$
\begin{aligned}
Hi \odot &= 22^\circ 20' 30'' \\
\varepsilon &= -\ \ \ 3' 10'' \\
Ho \odot &= 22^\circ 17' 20'' \\
T.E &= 9' 48'' \\
Hv \ominus &= 22^\circ 27' 08'' \\
L'_1 &= 40^\circ 15' 57'' \qquad \text{colog cos} = 0{,}117450 \\
\Delta &= 75^\circ 55' 39'' \qquad \text{colog sin} = 0{,}013230 \\
2\,S &= 138^\circ 38' 44'' \\
S &= 69^\circ 19' 22'' \qquad \log \cos = \bar{1}{,}547940 \\
S - Hv &= 46^\circ 52' 14'' \qquad \log \sin = \bar{1}{,}863212
\end{aligned}
$$

$$
\begin{aligned}
2 \log \sin \frac{P}{2} &= \bar{1}{,}541832 \\
\log \sin \frac{P}{2} &= \bar{1}{,}770916 \\
\frac{P}{2} &= 2^h 24^m 39^s \\
P &= 4^h 49^m 18^s \\
Tvg &= 4^h 49^m 18^s \\
Tvp &= 19^h 45^m 50{,}5 \\
G'_2 &= 9^h 03^m 27^s{,}5 \ ^{1} \\
G'_2 &= 135^\circ 52' \text{ Est.}
\end{aligned}
$$

La latitude $L'_1$ étant exacte, on a $L'_1 = L$ et $G'_2 = G$.

**Calcul de $Z_2$ [2].**

Table D Caillet avec $L'_1 = 40^\circ 16'$, $p^s_2 = -\,0^s{,}02$

on trouve $Z_2 =$ N. 89°,8 O.

$$
\begin{aligned}
d &= 26{,}8 \\
2\,d &= 53{,}6 \\
-\,d' &= -\,83{,}6 \\
d'' &= 29{,}6
\end{aligned}
$$

$\delta = 43{,}2\ ;\ 2\,\delta = 86{,}4$

**Calcul de $p'_2$ [2].**

$$
\begin{aligned}
2\,d - d' + d'' &= -\,0{,}4 \\
\frac{2\,d - d' + d''}{2\,\delta} &= -\,0',005 \\
p'_2 &= -\,0',005 \\
4\,p'_2 = p^s_2 &= -\,0^s{,}02
\end{aligned}
$$

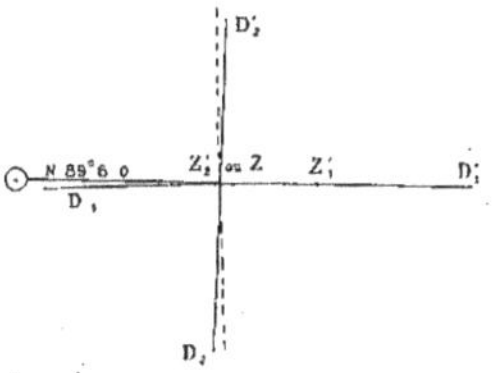


**Point observé.**

$L'_1 = L'_2 = L = 40^\circ 16'$ Sud.

$G'_2 = G = 135^\circ 52'$ Est.

---

1. La relation $Tvp = Tvg - G_e$ n'étant vraie qu'à $24^h$ près, on a été conduit à ajouter $24^h$ à Tvg, pour rendre la soustraction possible.

2. On doit toujours déterminer l'azimut et la variation de l'angle au pôle, parce que ces éléments seront utiles pour les calculs suivants.

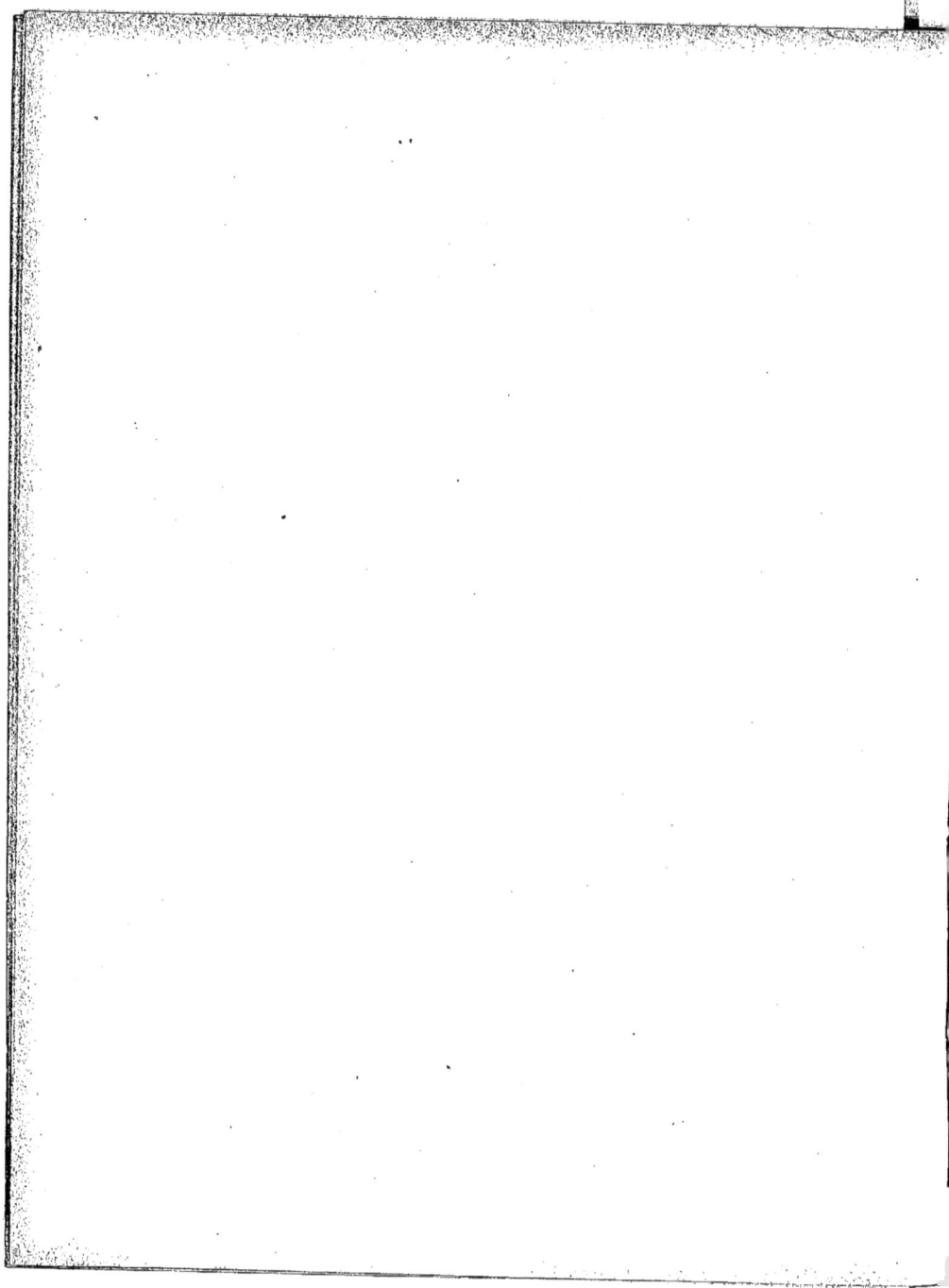

# FEUILLE XVIII

## POINT OBSERVÉ A MIDI PAR LE POINT RAPPROCHÉ ET LA HAUTEUR MÉRIDIENNE

(MÉTHODE MARCQ)

Formule employée :

$$\sin He = \sin L_e \cos \Delta + \cos L_e \sin \Delta \cos P_e. \qquad (1)$$

$x = \sin L_e \cos \Delta$ sera *positif* si $\Delta < 90°$, et *négatif* si $\Delta > 90°$;

$y = \cos L_e \sin \Delta \cos P_e$ sera *positif* si $P_e < 6^h$, et *négatif* si $P_e > 6^h$.

Hv — He se porte vers l'astre, suivant l'azimut, si elle est positive, et à l'opposé de l'azimut si elle est négative, c'est-à-dire si He > Hv.

La formule (1) est toujours applicable quelles que soient les valeurs de $\Delta$ et de $P_e$.

Feuille XVIII.

## (382) POINT OBSERVÉ A MIDI PAR LE POINT RAPPROCHÉ ET LA HAUTEUR MÉRIDIENNE.

(MÉTHODE MARCQ.)

Le 16 juin, vers $7^h25^m$ du matin, par $\left\{ \begin{array}{l} L_e = 9°37'\ N. \\ G_e = 31°01'\ O. \end{array} \right\}$ on a obtenu :

| | | | |
|---|---|---|---|
| Hi ☉ = | 23°48′30″ | M = | $3^h01^m02^s$ |
| ε = + | 2′45″ | A — M = | $1^h20^m28^s$ |
| Élév. œil = | $5^m,3$ | | |

L'état absolu Tmp — A = $5^h11^m56^s,8$ à $0^h$ le 15, marche $a = -15^s,37$ (Retard).

Après avoir fait 18,6 milles au N. 35 E. du monde, on a observé, face au Nord, la hauteur méridienne Hi ☉ = 76°02′00″, même erreur, même élévation.

Déterminer le point observé à midi.

---

**Tvp approchée.**

| | | |
|---|---|---|
| Tvg = | $19^h25^m$ | le 15. |
| $G_e$ = + | $2^h04^m04^s$ O. | |
| Tvp appr. = | $21^h29^m04^s$ | le 15. |

**Hv ☉.**

| | |
|---|---|
| Hi ☉ = | 23°48′30″ |
| ε = + | 2′45″ |
| Ho ☉ = | 23°51′15″ |
| T. E = | 9′08″ |
| Hv ☉ = | 24°01′03″ |

**Tmp et $P_e$.**

| | | |
|---|---|---|
| M = | $3^h01^m02^s$ | |
| A — M = | $1^h20^m28^s$ | |
| Tmp — A = | $5^h11^m56^s,8$ | |
| Tmp appr. = | $21^h33^m26^s,8$ | |
| pp. signe contr. = + | $13^s,8$ | |
| Tmp = | $21^h33^m40^s,6$ | le 15. |
| Em = | $11^h59^m38^s,3$ | |
| Tvp = | $21^h33^m18^s,9$ | |
| $G_e$ = | $2^h04^m04^s$ | |
| Tvg = | $19^h29^m15^s$ | |
| $P_e$ = | $4^h30^m45^s$ | |

**Éléments de la *C. des T.***

| | |
|---|---|
| D à $0^h$ moy. le 15 = | 23°19′14″,5 |
| 5″,91 × 21,56 = + | 2′07″,4 |
| à Tmp, D = | 23°21′21″,9 N. |
| Δ = | 66°38′38″ |
| Em à $0^h$ le 15 = | $11^h59^m49^s,73$ |
| $0^s,53$ × 21,56 = — | $11^s,42$ |
| à Tmp, Em = | $11^h59^m38^s,3$ |

**Calcul de Hv — He.**

sin He = sin $L_e$ cos Δ + cos $L_e$ sin Δ cos $P_e$ = x + y (368).

| | | | | | |
|---|---|---|---|---|---|
| (+) | log sin $L_e$ = | $\bar{1}$,222861 | (+) | log cos $L_e$ = | $\bar{1}$,993854 |
| (+) | log cos Δ = | $\bar{1}$,598149 | (+) | log sin Δ = | $\bar{1}$,962877 |
| (+) | log x = | $\bar{2}$,821010 | (+) | log cos $P_e$ = | $\bar{1}$,579393 |
| T. II. | x = + | 0,066223 | (+) | log y = | $\bar{1}$,536124 |
| | y = + | 0,343656 | T. II. | y = + | 0,343656 |
| | x + y = sin He = | 0,409879 | | | |
| T. G (à vue) | He = | 24°11′45″ | | | |
| | Hv = | 24°01′03″ | | | |
| | Hv — He = — | 10′42″ | | | |
| | Hv — He = — | 10′7 | | | |

**Calcul de la Cor. Pagel et de $Z_1$.**

(TABLES DE PERRIN.)

| | |
|---|---|
| T. I = — | 0,47 |
| T. II = + | 0,07 |
| Cor. Pagel = — | 0′,40 |
| T. III. $Z_1$ = | N. 68°,5 E. |

**Calcul de $p'_1$ et de $Z_1$.**

(COMPLÉMENTS DES TABLES DE LABROSSE.)

T. 10. $p^s_1 = + 1^s,6$

$p'_1 = \frac{1}{4} p^s_1 = + 0',40$ [2]

T. 11 avec $p^s_1 = + 1^s,6$ } $Z_1$ = N. 68°,5 E.

**Coordonnées du point déterminatif Z′.**

| V. | m. | S. | O. | |
|---|---|---|---|---|
| S. 68°30′ O. [1] | 10,7 | 3,9 | 10 | g = 10 |

| | | | |
|---|---|---|---|
| $L_e$ = | 9°37′00″ N. | $G_e$ = | 31°01′ O. |
| l = | 3′54″ S. | g = | 10′ O. |
| L′ = | 9°33′06″ N. | G′ = | 31°11′ O. |

*Premier point déterminatif Z′ ou point rapproché* $\left\{ \begin{array}{l} L' = 9°33'06''\ \text{Nord.} \\ G' = 31°11'00''\ \text{Ouest.} \end{array} \right.$

---

1. Hv — He étant négative, on porte les $10^m,7$ à *l'opposé* de l'azimut.
2. L'astre étant dans l'Est, la correction Pagel et la variation de l'angle au pôle sont égales mais de signes contraires (371).

Feuille XVIII.

## CALCUL DE MIDI.

### Transport de la droite de hauteur.

| V. | m. | N. | E. | |
|---|---|---|---|---|
| N. 35 E. | 18,6 | 15,2 | 10,7 | $g = 10,7$ |

$L' = 9°33'06''$ N. $\quad G' = 31°11'00''$ O.
$l = 15'12''$ N. $\quad g = 10'42''$ E.
$L'_1 = 9°48'18''$ N. $\quad G'_1 = 31°00'18''$ O.

*Premier point déterminatif transporté* $Z'_1$ $\begin{cases} L'_1 = 9°48'18'' \text{ N.} \\ G'_1 = 31°00'18'' \text{ O.} \end{cases}$

**Tvp.**

$Tvg = 0^h00^m00^s$ le 16 juin.
$G'_1 = + 2^h04^m01^s$ O.
$Tvp = 2^h04^m01^s$ le 16 juin.

**Déclinaison à midi.**

D à $0^h$ vraie le 16 $= 23°21'36'',5$
$4'',88 \times 2,1 = 10'',2$
à Tvp, D $= 23°21'47''$ Nord.

**Hv⊖, L et ΔL'₁.**

Hi ⊙ $= 76°02'00''$
$\varepsilon = + 2'45''$
Ho ⊙ $= 76°04'45''$
T. E $= 11'36''$
Hv⊖ $= 76°16'20''$
90 — Hv⊖ $= 13°43'39''$ Sud.
D $= 23°21'46''$ Nord.
L $= 9°38'07''$ Nord.
$L'_1 = 9°48'18''$ Nord.
$\Delta L'_1 = L'_1 - L = 10'11'' = 10',2$

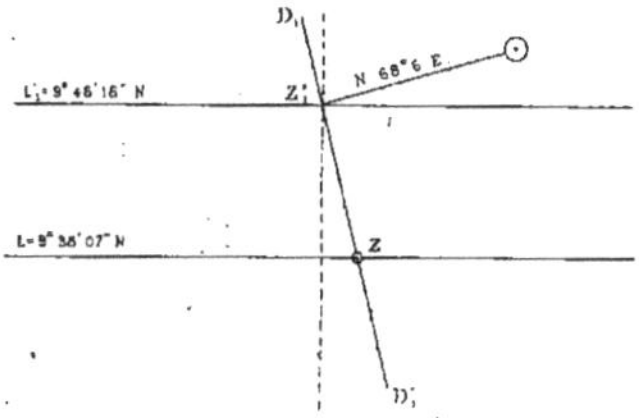


**ΔG'₁ et G.**

$\Delta G'_1 = p'_1 \times \Delta L'_1 = 0,4 \times 10,2 = 4',08$
$\Delta G'_1 = 0°04'05''$ vers l'Est.
$G'_1 = 31°00'18''$ O.
$G = 30°56'13''$ Ouest.

**Point observé à midi Z.**

L $= 9°38'$ Nord.
G $= 30°56'$ Ouest.

Nota. — La table G auxiliaire de Caillet, dont nous avons fait usage pour calculer He, donne les lignes trigonométriques *naturelles*, de 0° à 90° et de *minute en minute*. Cette table ne figure que dans la dernière édition (tirage de 1890). Nous avons indiqué, Feuille XIII, le procédé à suivre pour calculer He sans se servir de la table G.

# FEUILLE XIX

## POINT A MIDI PAR UN ANGLE HORAIRE DE SOLEIL ET DES HAUTEURS CIRCUMMÉRIDIENNES DE SOLEIL

(PROCÉDÉ APPROCHÉ)

Principales formules :

$$\sin \frac{P}{2} = \sqrt{\frac{\cos S \sin (S - Hv)}{\cos L_e \sin \Delta}}.$$

$$Mo = Tvg \pm G'_t + Ev - (Tmp - A) - (A - M)$$

$$Hv \text{ méridienne} = \frac{Hi_1 + Hi_2 + Hi_3}{3} \pm \varepsilon + \text{Table E} + \alpha P^2_m.$$

La formule qui donne Mo a l'avantage de s'appliquer dans tous les cas, qu'on ait traité la hauteur du matin par la méthode Lalande ou bien par la méthode Marcq.

Feuille XIX.

(385)

## POINT A MIDI

## PAR UN ANGLE HORAIRE DE SOLEIL ET DES HAUTEURS CIRCUMMÉRIDIENNES DE SOLEIL.

(PROCÉDÉ PRATIQUE.)

Le 18 juin, vers $9^h20^m$ du matin, par $L_e = 30°20'$ N., $G_e = 23°05'$.O. on a observé : Hi ☉ $= 53°57^m00''$ compteur $M = 4^h08^m31^s$, comparaison $A - M = 7^h01^m02^s$, erreur instr. $\varepsilon = -3'50''$, Élév. œil $= 4^m,3$. L'état absolu $Tmp - A = 11^h45^m18^s,5$ à $0^h$ le 17 juin, marche diurne $a = -5^s,31$ (Retard). De l'observation du matin à l'instant milieu des observations de midi, le navire parcourt 7,8 milles au S. 15 E. du monde. On demande entre quelles limites on devra observer les circumméridiennes ?

L'observateur étant monté sur le pont en temps voulu a fait, face au Sud, les observations suivantes :

| | | |
|---|---|---|
| $Hi_1$ ☉ $= 82°19'00''$ | $M_1 = 6^h38^m01^s$ | |
| $Hi_2$ ☉ $= 82°20'30''$ | $M_2 = 6^h39^m13^s$ | même erreur, même élévation. |
| $Hi_3$ ☉ $= 82°22'10''$ | $M_3 = 6^h40^m38^s$ | |

Déterminer le point observé à midi.

### CALCUL DU MATIN

**Tvp approchée.**

$Tvg = 21^h20^m$ le 17.
$G = 1^h32^m$ O.
Tvp appr. $= 22^h52^m$ le 17.

**Tmp et Tvp.**

$M = 4^h08^m31^s$
$A - M = 7^h01^m02^s$
$Tmp - A = 11^h45^m18^s,5$
Tmp appr. $= 22^h54^m51^s,5$
pp. signe contr. $= + 5^s,1$
$Tmp = 22^h54^m56^s,6$ le 17.
$Em = 11^h59^m11^s,9$
$Tvp = 22^h54^m08^s,5$ le 17.

**Calcul des éléments.**

D à $0^h$ le 17 $= 23°23'33'',7$
$3'',85 \times 22,9 = + 1'28'',2$
à Tmp, $D = 23°25'01'',9$
$\Delta = 66°34'58'',1$
Em à $0^h$ le 17 $= 11^h59^m24^s,2$
$0,536 \times 22,9 = - 12^s,3$
Em à $Tmp = 11^h59^m11^s,9$

**Calcul de G'.**

Hi ☉ $= 53°57'00''$
$\varepsilon = - 3'50''$
Ho ☉ $= 53°53'10''$
T. E $= 11'36''$
Hv ☉ $= 54°04'46''$
$L_e = 30°20'00''$ — colog cos $= 0,063938$
$\Delta = 66°34'58''$ — colog sin $= 0,037328$
$2S = 150°59'44''$
$S = 75°29'42''$ — log cos $= \bar{1},398722$
$S - Hv = 21°24'56''$ — log sin $= \bar{1},562468$
$2 \log \sin \frac{P}{2} = \bar{1},062456$
$\log \sin \frac{P}{2} = \bar{1},531228$
$\frac{P}{2} = 1^h19^m27^s,5$
$P = 2^h38^m55^s,0$
$Tvg = 21^h21^m05^s$
$Tvp = 22^h54^m08^s,5$
$G' = 1^h33^m03^s,5$ O.
$G' = 23°15'53''$ O.

$d = 18,5$
$2d = 37,0$
$-d' = -121,8$
$d'' = 80,6$
$\delta = 87,4$
$2\delta = 174,8$

**Calcul de $p'_1$.**

$2d - d' + d'' = -4,2$

$\frac{2d - d' + d''}{\delta} = -\frac{4,2}{174,8} = -0',03$

$p'_1 = -0',03$
$p'_1 = 4\,p'_1 = -0^s,12$

**Calcul de $Z_1$.**

Table D Caillet avec $\begin{cases} L_e = 30°20' \\ p'_1 = -0^s,12 \end{cases}$

on trouve :
$Z_1 = S.\ 88°,8$ E.

**Cor. Pagel et $Z_1$.**

(TABLES DE PERRIN.)

T. I $= -0,67$
T. II $= +0,70$
Cor. Pagel $= +0',03$
T. III $Z_1 = S.\ 88°,5$ E.

*Premier point déterminatif Z'* $\begin{cases} L_e = L' = 30°20'\ N. \\ G' = 23°15'53''\ O. \end{cases}$

Feuille XIX.

## OBSERVATION CIRCUMMÉRIDIENNE

### Transport de la droite de hauteur.

| V. | m. | S. | E. | |
|---|---|---|---|---|
| S. 15 E. | 7,8 | 7,5 | 2,0 | $g = 2'18''$ E. |

$L_e = L' = 30°20'$ N. $\quad G' = 23°15'53''$ O.
$l = 7'30''$ S. $\quad g = 2'18''$ E.
$L'_1 = 30°12'30''$ N. $\quad G'_1 = 23°13'55''$ O.

**Tvp.**

$Tvg = 00^h00^m00^s$ le 18.
$G'_1 = 1^h32^m54^s$ O.
$Tvp = 1^h32^m54^s$ le 18.

**Heure du compteur à midi vrai.**

$Tvp = 1^h32^m54^s$ le 18.
$Ev = + 50^s$
$Tmp = 1^h33^m44^s$ [1]
$Tmp - A = - 11^h45^m24^s$ [2]
$A = 13^h48^m20^s$
$A - M = - 7^h01^m22^s$
$Mo = 6^h47^m18^s$

**Limites des circumméridiennes.**

Avec $\alpha$ (Table du n° 336) on a : $Pl = 11^m$.

$Mo - Pl = 6^h36^m$
$Mo + Pl = 6^h58^m$

**Calcul de $Pm$ et de la correction $\alpha P^2_m$.**

[3] $Mo - M_1 = P_1 = 9^m,3 \quad P^2_1 = 86,49$
$Mo - M_2 = P_2 = 8^m,1 \quad P^2_2 = 65,61$
$Mo - M_3 = P_3 = 7^m,6 \quad P^2_3 = 57,76$

Somme $= 209,86$
Moyenne $P^2_m = 69,99$
$\alpha \times P^2_m = 945'' = 15'45''$

**Calcul de $\Delta G'_1$ et de G.**

$\Delta L'_1 \times p'_1 = \Delta G'_1 = 28,1 \times 0,03 = 0',84$
$\Delta G'_1 = 0°00'50''$ vers l'Est.
$G'_1 = 23°13'35''$ O.
$G = 23°12'45''$ O.

**Point à l'instant milieu des observations circumméridiennes.**

$L = 30°41'$ Nord.
$G = 23°13'$ Ouest.

Nota. — Pour avoir le point à midi, il suffira de tenir compte du chemin parcouru pendant les $\frac{P_1 + P_2 + P_3}{3} = 8$ minutes, qui séparent cet instant du midi vrai.

**Éléments de la *C. des T.***

D à $0^h$ vraie le 18 $= 23°25'06'',2$
$2'',82 \times 1,55 = + 4'',4$
à Tvp, $D = 23°25'11''$ N.

Ev à $0^h$ vraie le 18 $= 0^h00^m48^s,67$
pp. $= + 0^s,8$
à Tvp, $Ev = 0^h00^m49^s,5$

**Calcul de $\alpha$.**

Table A Caillet. avec $D = 23°25'$ N. $L'_1 = 30°12'$ N. $\alpha = 13'',5$

**Calcul de la hauteur méridienne.**

$Hi_1 \odot = 82°19'00''$
$Hi_2 \odot = 82°20'30''$
$Hi_3 \odot = 82°22'10''$
Somme $= 247°01'40''$
Hi moy. $= 82°20'33''$
$\varepsilon = 3'50''$
$Ho \odot = 82°16'43''$
T. E $= 12'06''$
$\alpha P^2_m = + 15'45''$
$Hv \odot$ mérid. $= 82°44'34''$

**Calcul de la latitude et de $\Delta L'_1$ [4].**

$90 - Hv \odot$ mérid. $= 7°15'26''$N.
$D = 23°25'11''$N.
$L = 30°40'37''$N.
$L'_1 = 30°12'30''$N.
$L - L'_1 = \Delta L'_1 = 28'07'' = 28',1$

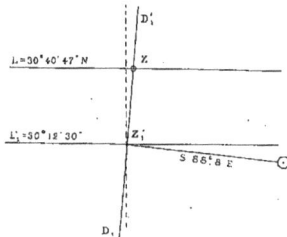

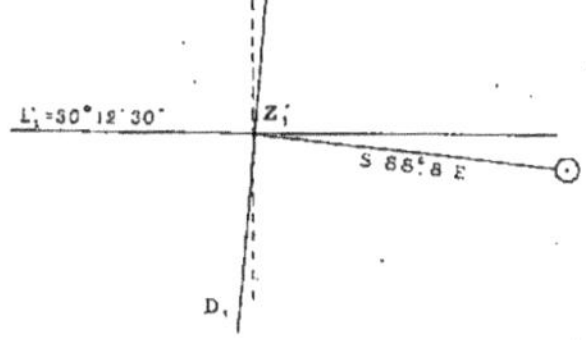


1. On a ajouté $24^h$ pour rendre possibles les soustractions suivantes de Tmp — A et de A — M.
2. Quoique le calcul de Mo n'exige pas une grande rigueur, nous avons pris l'état pour le jour suivant.
3. Les valeurs de $P_1$, $P_2$, $P_3$ doivent être exprimées en minutes et décimales avant d'élever au carré.
4. Dans le procédé pratique, on suppose que l'observation circumméridienne donne comme lieu géométrique un parallèle de latitude.

# FEUILLE XX

## POINT PAR UNE HAUTEUR HORAIRE DU SOLEIL ET UNE HAUTEUR CIRCUMMÉRIDIENNE

(PROCÉDÉ EXACT)

L'azimut $Z_2$ et la variation de l'angle au pôle $p'_2$ peuvent se calculer par les tables de Perrin si l'angle au pôle est plus grand que $20^m$, et dans tous les cas par les formules :

$$\sin Z_2 = \frac{\sin \Delta \sin P_1}{\cos Hv}; \qquad p'_2 = \frac{\cot g Z_2}{\cos L'_2}.$$

Le procédé exact n'a d'utilité réelle que si la première observation a été faite loin du premier vertical et la deuxième à 10° ou 12° du méridien. Il nous semble d'ailleurs préférable d'employer, dans ce cas, la méthode de Borda (voir Feuille XXI), qui a l'avantage de supprimer l'erreur provenant du mouvement en déclinaison.

**Feuille XX.**

## POINT PAR UNE HAUTEUR HORAIRE DU SOLEIL ET UNE HAUTEUR CIRCUMMÉRIDIENNE.

(385) (PROCÉDÉ EXACT.)

Le 13 mars, vers $8^h50^m$ du matin, par $\left\{ \begin{array}{l} L_e = 43°36' \text{ N.} \\ G_e = 25°39' \text{ E.} \end{array} \right\}$ on a obtenu :

Hi☉ = 25°17′20″
ε = — 30″
Élév. œil = $5^m,5$

M = $7^h21^m43^s$
A — M = $8^h12^m02^s$

Tmp — A = $3^h32^m38^s$ à $0^h$ le 12 mars.
a = — $8^s,8$ (Retard).

Vers midi on observe, face au Sud, une hauteur circumméridienne Hi☉ = 42°25′30″ à l'heure $M_1 = 10^h00^m19^s$ du compteur, même erreur, même élévation.

De $8^h50^m$ à l'observation circumméridienne le navire a fait 11,3 milles au N. 68 E. vrai.

Déterminer le point observé à l'instant de la circumméridienne.

---

**Tvp approchée.**

Tvg = $20^h50^m$ le 12.
$G_e$ = $1^h42^m36^s$
Tvp appr. = $19^h15^m24^s$ le 12.

**Tmp et Tvp.**

M = $7^h21^m43^s$
A — M = $8^h12^m02^s$
Tmp — A = $3^h32^m38^s$
Tmp appr. = $19^h06^m23^s$
pp. signe contr. = + $7^s$
Tmp = $19^h06^m30^s$ le 12.
Em = + $11^h50^m16^s$
Tvp = $18^h56^m46^s$ le 12.

**Éléments de la *C. des T.***

D à $0^h$ moy. le 12 = 3°18′57″,7
59,07 × 19,1 = 18′48″
à Tmp, D = 3°00′10″ Sud.
Δ = 93°00′10″

*Em* à $0^h$ moy. le 12 = $11^h50^m03^s,14$
pp. p^r Tmp = $12^s,99$
à Tmp, *Em* = $11^h50^m16^s,1$

**Calcul de G′.**

Hi☉ = 25°17′20″
ε = — 30″
Ho☉ = 25°16′50″
T. E = 10′06″
Hv☉ = 25°26′56″
$L_e$ = 43°36′00″
Δ = 93°00′10″
2 S = 162°03′06″
S = 81°01′33″
S — Hv☉ = 55°34′37″

colog cos = 0,140158
colog sin = 0,000664
log cos = $\bar{1}$,193194
log sin = $\bar{1}$,916384
2 log sin ½ P = $\bar{1}$,250340
log sin ½ P = $\bar{1}$,625170
½ P = $1^h39^m48^s,5$
P = $3^h19^m37^s$
Tvg = $20^h40^m23^s$
Tvp = $18^h56^m46^s$
G′ = $1^h43^m37^s$ E.
G′ = 25°54′15″ E.

d = 30,1
2d = 60,2
— d′ = — 200,1
d″ = 21,7
δ = 67,8
2δ = 135,6

**Calcul de $p'_1$.**

$2d - d' + d'' = -118{,}2$

$\dfrac{2d - d' + d''}{2\delta} = -\dfrac{118{,}2}{135{,}6} = -0',87$

$p'_1 = -0',87$

$4p'_1 = p'_1 = -3^s,48$

**Calcul de $Z_1$.**

Table D Caillet avec $\left\{ \begin{array}{l} L_e = 43°36' \text{ N.} \\ p'_1 = -3^s,48 \end{array} \right.$

on trouve $Z_1$ = S. 57°,2 E.

**Cor. Pagel et $Z_1$.**

(TABLES DE PERRIN)

T. I = + 0 ,07
T. II = + 0 ,80
Cor. Pagel = + 0′,87
T. III $Z_1$ = S. 57°,5 E.

**Premier point déterminatif Z′.**

$L_e$ = L′ = 43°36′00″ Nord.
G′ = 25°54′15″ Est.

---

### CALCUL DE L'OBSERVATION CIRCUMMÉRIDIENNE

**Transport de la droite de hauteur.**

| V. | M. | N. | E. | |
|---|---|---|---|---|
| N. 68 E. | 11,3 | 4,2 | 10,5 | g = 14′36″ E. |

L′ = 43°36′00″ N.
l = 4′12″ N.
$L'_1$ = 43°40′12″ N.

G′ = 25°54′15″ E.
g = 14′36″ E.
$G'_1$ = 26°08′51″ E.

**Tvp.**

Tvg = $24^h00^m00^s$ le 12.
$G'_1$ = $1^h44^m35^s$ E.
Tvp = $22^h15^m25^s$ le 12.

**Éléments de la *C. des T.***

D à $0^h$ vraie le 12 = 3°18′47″,9
pp. p^r Tvp = 22′01″
à Tvp, D = 2°56′47″ S.

*Ev* à $0^h$ vraie le 12 = $0^h09^m56^s,75$
pp. p^r Tvp = $15^s,23$
à Tvp, *Ev* = $0^h09^m41^s,5$

**Feuille XX.**

## SUITE DU CALCUL DE L'OBSERVATION CIRCUMMÉRIDIENNE.

**Calcul de l'heure du compteur à midi vrai.**

$$\begin{aligned} Tvp &= 22^h15^m25^s \text{ le 12.} \\ Ev &= \phantom{2}0^h09^m42^s \\ Tmp &= 22^h25^m07^s \\ Tmp - A &= \phantom{2}3^h32^m46^s \\ A &= 18^h52^m21^s \\ A - M &= \phantom{1}8^h12^m02^s \\ Mo &= 10^h40^m19^s \end{aligned}$$

**Limite des circumméridiennes.**

Tableau (336) avec $\alpha = 1'',95$.

$$\begin{aligned} Pl &= 42^m \\ Mo + Pl &= 11^h23^m \\ Mo - Pl &= 9^h59^m \end{aligned}$$

**2e point déterminatif $Z'_2$.**

$$\begin{aligned} L'_2 &= 43^\circ35'17'' \text{ N.} \\ G'_1 = G'_2 &= 26^\circ08'51'' \text{ E.} \end{aligned}$$

**Coordonnées de Z" (Point approché)**[1].

$$\begin{aligned} L'' = L'_2 &= 43^\circ35'17'' \text{ N.} \\ L'_1 &= 43^\circ40'12'' \\ L'_1 - L'' &= 4'55'' = 4'9 \\ G'_1 - G'' &= p'_1 \times (L'_1 - L'') = 0,87 \times 4,9 \\ G'_1 - G'' &= 4'04'' \\ G'_1 &= 26^\circ08'51'' \text{ E.} \\ G'' &= 26^\circ04'47'' \text{ E.} \end{aligned}$$

**Calcul de $\alpha$ et de la correction $\alpha P_1^2$.**

T. A Caillet avec $L'_1 = 43^\circ 40'$ et $D = 2^\circ 57'$, on trouve $\alpha = 1',95$.

$$\begin{aligned} Mo &= 10^h40^m19^s \qquad & P_1^2 &= 1600 \\ M_1 &= 10^h00^m19^s & \alpha \times P_1^2 &= 3120'' = 52' \\ P_1 = Mo - M_1 &= 40^m00^s \end{aligned}$$

**Calcul de la hauteur méridienne.**

$$\begin{aligned} Hi\odot &= 42^\circ25'20'' \\ \varepsilon &= -\phantom{42^\circ25'}30'' \\ Ho\odot &= 42^\circ24'50'' \\ T.\ E &= 11'06'' \\ Hv\ominus &= 42^\circ35'36'' \\ \alpha \times P_1^2 &= 52' \\ Hv\ominus \text{ mérid.} &= 43^\circ27'56'' \end{aligned}$$

**Calcul de $L'_2 = L''$.**

$$\begin{aligned} 90 - Hv\ominus \text{ mérid.} &= 46^\circ32'04'' \text{ N.} \\ D &= 2^\circ56'47'' \text{ S.} \\ L'_2 &= 43^\circ35'17'' \text{ N.} \end{aligned}$$

**Point Z" ou Point approche.**

$$\begin{aligned} L'_2 = L'' &= 43^\circ35'17'' \text{ N.} \\ G'' &= 26^\circ04'47'' \text{ E.} \end{aligned}$$

---

**Calcul de l'azimut $Z_2$ et de $p'_2$.**

$$\begin{aligned} \log \sin \Delta &= \bar{1},9994 \\ \log \sin P_1 &= \bar{1},2397 \\ \text{colog} \cos Hv\ominus &= 0,1331 \\ \log \sin Z_2 &= \bar{1},3722 \\ Z_2 &= \text{S. } 13^\circ38' \text{ E.}^{2} \end{aligned}$$

$$\begin{aligned} \log \text{cotg } Z_2 &= 0,6154 \\ \text{colog} \cos L'_2 &= 0,1401 \\ \log p'_2 &= 0,7554 \\ p'_2 &= 5',694 \end{aligned}$$

**Calcul de $\Delta G'_2$ et de G.**

$$\begin{aligned} \Delta G'_2 = p'_2 \times \Delta L'_2 &= 5',694 \times 0,95 = 5',41 \\ \Delta G'_2 &= 0^\circ05'25'' \text{ vers l'Ouest.} \\ G'_2 &= 26^\circ08'51'' \text{ E.} \\ G &= 26^\circ03'26'' \text{ E.} \end{aligned}$$

**Point à l'instant de la circumméridienne Z.**

$$\begin{aligned} L &= 43^\circ34'20'' \text{ N.} \\ G &= 26^\circ03'26'' \text{ E.} \end{aligned}$$

(Voir, Feuille XXI, la résolution du même problème en traitant la hauteur circumméridienne par la Méthode de Borda.)

**Calcul de $\Delta L'_2$ et de L.**

$$\begin{aligned} G'_2 - G'' &= G'_1 - G'' = 4'04'' = 4',06. \\ p'_2 - p'_1 &= 4',824 \\ {}^{3}\Delta L'_2 &= \frac{G'_2 - G''}{p'_2 - p'_1} = 0',95 = 0'57'' \\ \Delta L'_2 &= 0^\circ00'57'' \text{ vers le Sud.} \\ L'' = L'_2 &= 43^\circ35'17'' \text{ N.} \\ L &= 43^\circ34'20'' \text{ N.} \end{aligned}$$

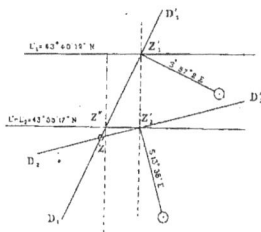

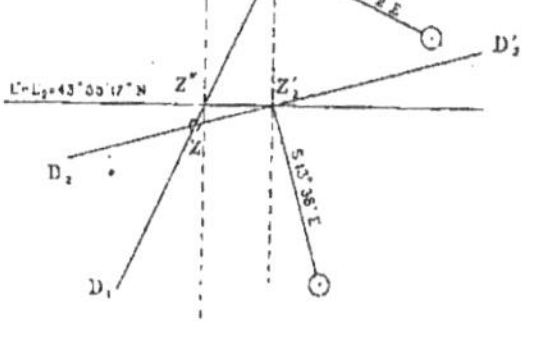


---

1. Le point Z" est le point qu'on aurait trouvé par le procédé pratique, en supposant que le lieu géométrique donné par l'observation circumméridienne est un parallèle de latitude.
2. La circumméridienne ayant été observée face au Sud, l'azimut est Sud et évidemment plus petit que 90°, si on le compte du Sud.
3. On doit prendre la différence arithmétique, parce que le point Z tombe en dehors des méridiens de Z" et de $Z'_2$.

# FEUILLE XXI

## POINT PAR UNE HAUTEUR HORAIRE DU SOLEIL ET UNE HAUTEUR DU MÊME ASTRE DANS LES ENVIRONS DU MÉRIDIEN

(PREMIÈRE DROITE PAR LA MÉTHODE LALANDE
DEUXIÈME DROITE PAR LA MÉTHODE DE BORDA.)

Formules principales :

$$\sin\frac{P}{2} = \sqrt{\frac{\cos S \sin(S - Hv)}{\cos L_e \sin\Delta}}; \qquad \sin Z_2 = \frac{\sin\Delta \sin P}{\cos Hv}; \qquad p'_2 = \frac{\operatorname{cotg} Z_2}{\cos L'_2};$$

$$\operatorname{tg}\varphi = \operatorname{tg}\Delta \cos P; \qquad \sin(L'_2 + \varphi) = \frac{\sin Hv \sin\varphi}{\sin\Delta \cos P}.$$

On prend $\varphi < 90°$ si $\Delta$ et P sont de même espèce.

— $\varphi > 90°$ — d'espèces différentes.

On obtiendra toujours deux solutions pour $(L'_2 + \varphi)$, mais on rejettera celle qui donnerait pour $L'_2$ une valeur trop différente de $L'_1$.

Feuille **XXI**.

(366-385)

## POINT PAR UNE HAUTEUR HORAIRE DU SOLEIL ET UNE HAUTEUR DU MÊME ASTRE DANS LES ENVIRONS DU MÉRIDIEN.

(PREMIÈRE DROITE PAR LA MÉTHODE LALANDE, DEUXIÈME DROITE PAR LA MÉTHODE DE BORDA.)

---

Le 13 mars, vers $8^h 50^m$ du matin, par $\left\{ \begin{array}{l} L_e = 43°36' \text{ N.} \\ G_e = 25°39' \text{ E.} \end{array} \right\}$ on a obtenu :

| | | | |
|---|---|---|---|
| Hi ☉ = 25°17′20″ | M = $7^h 21^m 43^s$ | Tmp — A = $3^h 32^m 38^s$ | |
| ε = — 30″ | A — M = $8^h 12^m 02^s$ | $a$ = — $8^s,8$ (Retard). | |
| Élév. œil = $5^m,5$ | | | |

Vers $11^h 20^m$ on observe une nouvelle hauteur Hi ☉ = 42°25′30″ à l'heure $M_1 = 10^h 00^m 19^s$, même erreur, même élévation. Le relèvement du soleil au même instant est le S. 25 E., variation 10° N.-E.

De $8^h 50^m$ à $11^h 20^m$ le navire a fait **11,3** milles au N. 68 E. vrai.

Déterminer le point observé à l'instant de la seconde observation.

---

### CALCUL DE LA PREMIÈRE DROITE DE HAUTEUR.

Le calcul se fera comme il a été indiqué dans l'exemple qui précède et l'on obtiendra :

*1er point déterminatif transporté* $Z'_1$ $\left\{ \begin{array}{l} L'_1 = 43°40'12'' \text{ N.} \\ G'_1 = 26°08'51'' \text{ E.} \end{array} \right.$

1er azimut $Z_1$ = S. 57°,2 E. $p'_1 = 0',67$

---

### CALCUL DE LA SECONDE DROITE DE HAUTEUR PAR LA LONGITUDE ESTIMÉE

(MÉTHODE DE BORDA).

**Tvp appr.**

| | |
|---|---|
| Tvg = | $23^h 20^m$ le 12. |
| $G'_1$ = | $1^h 44^m 35^s$ E. |
| Tvp app. = | $21^h 45^m 25^s$ le 12. |

**Calcul de Hv ☉.**

| | |
|---|---|
| Hi ☉ = | 42°25′30″ |
| ε = — | 30″ |
| Ho ☉ = | 42°24′50″ |
| T. E = | 11′06″ |
| Hv ☉ = | 42°35′56″ |

**Tmp et P.**

| | |
|---|---|
| $M_1$ = | $10^h 00^m 19^s$ |
| A — M = | $8^h 12^m 02^s$ |
| Tmp — A = | $3^h 32^m 38^s$ |
| Tmp appr. = | $21^h 44^m 59^s$ |
| pp. signe contr. = + | $8^s$ |
| Tmp = | $21^h 45^m 07^s$ le 12. |
| Em = | $11^h 50^m 18^s$ |
| Tvp = | $21^h 35^m 25^s$ |
| $G'_1$ = | $1^h 44^m 35^s$ E. |
| Tvg = | $23^h 20^m 00^s$ |
| P = | $0^h 40^m 00^s$ |

**Éléments de la *C. des T.***

| | |
|---|---|
| D à $0^h$ le 12 = | 3°18′57″,7 |
| pp. pr Tmp = | 21′25″,9 |
| à Tmp, D = | 2°57′31″,8 S. |
| Δ = | 92°57′31″,8 |
| le 12 *Em* à $0^h$ = | $11^h 50^m 03^s,14$ |
| pp. = | $14^s,8$ |
| à Tmp, *Em* = | $11^h 50^m 17^s,9$ |

**Calcul de l'azimut $Z_2$.**

log sin Δ = $\bar{1}$,9994
log sin P = $\bar{1}$,2397
log cos Hv ☉ = 0,1331
log sin $Z_2$ = $\bar{1}$,3722

$Z_2$ = N. 13°38′ E.
ou $Z_2$ = N. 166°22′ E.

Le Relèvement au compas, corrigé, donnant le S. 15 E., nous prendrons la 2e solution :

$Z_2$ = N. 116°22′ E. = S. 13°38′ E.

**Calcul de $p'_2$.**

log cotg $Z_2$ = 0,6154
colog cos $L'_2$ = 0,1401
log $p'_2$ = 0,7554

$p'_2$ = 5′,694

On peut aussi calculer $p'_2$ par la table D.

**Feuille XXI.**

**Calcul de L'₂.**

$$\operatorname{tg} \varphi = \operatorname{tg} \Delta \cos P.$$

$$(+)\ \log \cos P = \bar{1},993351$$
$$(-)\ \log \operatorname{tg} \Delta = \bar{1},286689$$
$$(-)\ \log \operatorname{tg} \varphi = 1,280040$$
$$> 90^\circ \qquad \varphi = 93^\circ 00' 15''$$

**Deuxième point déterminatif Z'₂.**

$$L'_2 = 43^\circ 34' 45'' \text{ Nord.}$$
$$G'_1 = G'_2 = 26^\circ 08' 51'' \text{ Est.}$$

$$\sin (L'_2 + \varphi) = \frac{\sin Hv \ominus \sin \varphi}{\sin \Delta \cos P.}$$

$$\text{colog} \cos P = 0,006649$$
$$\text{colog} \sin \Delta = 0,000579$$

$$\log \sin \varphi = \bar{1},999404$$
$$\log \sin Hv \ominus = \bar{1},830509$$
$$\log \sin (L'_2 + \varphi) = \bar{1},837141$$

$$\left\{ \begin{array}{l} L'_2 + \varphi = 43^\circ 25'^{1} \text{ à rejeter.} \\ L'_2 + \varphi = 136^\circ 35' \end{array} \right.$$

$$\varphi = 93^\circ 00' 15''$$
$$L'_2 = 43^\circ 34' 45'' \text{ Nord.}$$

**Coordonnées de Z''**

$$L'' = L'_2 = 43^\circ 34' 45'' \text{ Nord.}$$
$$L'_1 = 43^\circ 40' 12''$$
$$L'_1 - L'' = 5' 27'' = 5',45$$
$$G'_1 - G'' = p'_1 \times (L'_1 - L'') = 0'87 \times 5,45$$
$$G'_1 - G'' = 0^\circ 04' 44'' \text{ vers l'Ouest.}$$
$$G'_1 = 26^\circ 08' 51'' \text{ E.}$$
$$G'' = 26^\circ 04' 07'' \text{ E.}$$

**Point observé Z.**

$$L = 43^\circ 33' 46'' \text{ Nord}^{2}.$$
$$G = 26^\circ 03' 16'' \text{ Est.}$$

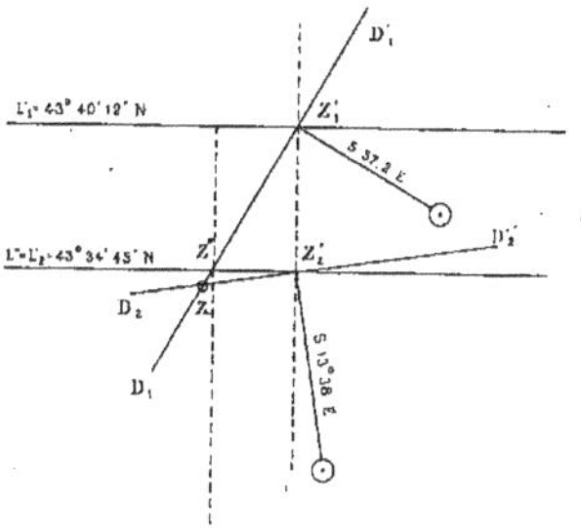


**Calcul de ΔL'₂ et de L.**

$$\Delta L'_2 = \frac{G'_2 - G''}{p'_2 - p'_1} = \frac{G'_1 - G''}{p'_2 - p'_1} = \frac{4,742}{4,827} = 0',98$$
$$\Delta L'_2 = 0^\circ 00' 59'' \text{ vers le Sud.}$$
$$L'_2 = 43^\circ 34' 45'' \text{ Nord.}$$
$$L = 43^\circ 33' 46'' \text{ Nord.}$$

**Calcul de ΔG'₂ et de G.**

$$\Delta G'_2 = p'_2 \times \Delta L'_2 = 5,69 \times 0,98 = 5',576$$
$$\Delta G'_2 = 0^\circ 05' 35'' \text{ vers l'Ouest.}$$
$$G'_2 = 26^\circ 08' 51'' \text{ Est.}$$
$$G = 26^\circ 03' 16'' \text{ Est.}$$

Nota. — La formule employée pour calculer $(L'_2 + \varphi)$ n'étant dangereuse que si P est voisin de $6^h$, sera toujours applicable, puisqu'on ne doit pas se servir de la méthode de Borda quand l'astre est trop loin du méridien. C'est pour cette raison que nous l'avons démontrée à l'exclusion de toute autre, au n° 332.

(Ce même problème a été résolu, Feuille XX, en traitant la deuxième hauteur comme une circumméridienne.)

1. La première solution $L'_2 + \varphi = 43^\circ 25'$ donnerait une valeur négative pour $L'_2$ ; on ne doit conserver que la deuxième solution $L'_2 + \varphi = 136^\circ 35'$ qui donne pour $L'_2$ une valeur positive voisine de $L'_1$.

2. En traitant la 2e hauteur comme circumméridienne on trouve (Feuille XX) L = 43° 34' 20" N. La différence est de 34" seulement ; elle pourrait être de près de 1' puisque la 2e observation a été faite à l'extrême limite des circumméridiennes.

# FEUILLE XXII

## POINT OBSERVÉ PAR UNE HAUTEUR MÉRIDIENNE D'ÉTOILE ET UN ANGLE HORAIRE D'ÉTOILE

Formules employées :

$$Tsp = Tmp + \mathcal{R}m \,; \quad Tap = Tsp - \mathcal{R}* \,; \quad \sin \frac{P}{2} = \sqrt{\frac{\cos S \sin (S - Hv)}{\cos L' \sin \Delta}}$$

Feuille XXII.

## (383) POINT OBSERVÉ PAR UNE HAUTEUR MÉRIDIENNE D'ÉTOILE ET UN ANGLE HORAIRE D'ÉTOILE.

Le 15 février, vers $10^h 43^m$ du soir, par $\left\{ \begin{array}{l} L_e = 42^\circ 45' \text{ N.} \\ G_e = 20^\circ 19' \text{ E.} \end{array} \right\}$ on a observé, face au Sud, la hauteur méridienne de β *Petit chien* Hi = 55°46′40″; ε = — 1′20″; Élév. œil = $5^m$.

De $10^h 43^m$ à minuit $45^m$ le navire a parcouru 18 milles,6 au N. 48 E. du compas; Variation 18° N.-E.; dérive 2° $T^d$ et à minuit $45^m$ on a observé dans l'Est Hi *Arcturus* = 39°08′, M = $9^h 08^m 21^s$, A — M = $3^h 19^m 10^s$; même erreur, même élévation. Tmp — A = $10^h 59^m 27^s$ à $0^h$ le 15, marche $a$ = — $4^s$,8 (Retard).

Déterminer le point observé au moment de la seconde observation.

### OBSERVATION MÉRIDIENNE

β Petit chien.

**Hv ✻.**

| | | |
|---|---|---|
| Hi ✻ = | 55°46′40″ | |
| ε = — | 1′20″ | |
| Ho ✻ = | 55°45′20″ | |
| Dép = — | 3′58″ | T. XV Caillet. |
| Har ✻ = | 55°41′22″ | |
| Rm = — | 39″ | T. XVI Caillet. |
| Hv ✻ = | 55°40′43″ | |

**Latitude méridienne.**

| | |
|---|---|
| 90 — Hv ✻ = | 34°19′17″ N. |
| *C. des Temps* D ✻ = | 8°30′30″ N. |
| Latitude mérid. L′ = | 42°49′47″ N. |

**Transport du 1er lieu géométrique (parallèle de latitude L′).**

| V. | m. | N. | E. | |
|---|---|---|---|---|
| N. 68 E. | 18,6 | 7 | 17,3 | $g$ = 23,6 |

| | |
|---|---|
| L′ = 42°49′47″ N. | $G_e$ = G′ = 20°19′ E. |
| $l$ = 7′ N. | $g$ = 23′36″ E. |
| $L'_1$ = 42°56′47″ N. | $G'_1$ = 20°42′36″ E. |

### DEUXIÈME OBSERVATION

Arcturus.

**Tvp appr.**

| | | |
|---|---|---|
| Tvg = | $12^h 45^m$ | le 15. |
| $G'_1$ = — | $1^h 22^m 50^s$ E. | |
| Tvp appr. = | $11^h 22^m 10^s$ | le 15.[1] |

**Tmp et Tap.**

| | |
|---|---|
| M = | $9^h 08^m 21^s$ |
| A — M = | $3^h 19^m 10^s$ |
| Tmp — A = | $10^h 59^m 27^s$ |
| Tmp appr. = | $11^h 26^m 58^s$ [2] |
| pp. signe contr. = + | $2^s$,3 |
| Tmp = | $11^h 27^m 00^s$,8 le 15. |
| Am = | $21^h 42^m 40^s$,4 |
| Tmp + Am = Tsp = | $9^h 09^m 40^s$,7 |
| A ✻ = — | $14^h 10^m 41^s$,4 |
| Tsp — A ✻ = Tap = | $18^h 58^m 59^s$,3 |

**Éléments de la *C. des T.***

| | |
|---|---|
| D ✻ = | 19°44′48″,6 N. |
| Δ = | 70°15′11″ |
| A ✻ = | $14^h 10^m 41^s$,4 |
| à $0^h$ le 15, Am = | $21^h 40^m 47^s$,5 |
| T. VI *C. des T.* $p^r$ Tmp = + | $1^m 52^s$,86 |
| à Tmp, Am = | $21^h 42^m 40^s$,4 |

1. On a retranché $12^h$ à la somme puisque Tvp approchée est voisine de $11^h$ et non de $23^h$.

2. La somme dépassant $24^h$ on a retranché $24^h$, mais on est conduit à les ajouter de nouveau pour rendre possible la soustraction de A ✻.

Feuille XXII.

**Calcul de $G'_2$.**

| | | | | |
|---|---|---|---|---|
| Hi ✻ = | 39°08'00" | | | |
| ε = — | 1'20" | | | |
| Ho ✻ = | 39°06'40" | | | |
| Dép = — | 3'58" | | | |
| Har ✻ = | 39°02'42" | | | |
| Rm = — | 1'12" | | | |
| Hv ✻ = | 39°01'30" | | | d = 29,5 |
| $L'_1$ = | 42°56'47" | colog cos = 0,135490 | | 2 d = 59,0 |
| Δ = | 70°15'11" | colog sin = 0,026318 | | |
| 2 S = | 152°13'28" | | | |
| S = | 76°06'44" | log cos = $\bar{1}$,380241 | | — d' = — 127,6 |
| S — Hv = | 37°05'14" | log sin = $\bar{1}$,780342 | | d" = 41,8 |

$2 \log \sin \frac{P}{2} = \bar{1},322391$

$\log \sin \frac{P}{2} = \bar{1},661195$ $\qquad \delta = 61,2 ; 2\delta = 122,4$

$\frac{P}{2} = 1^h 49^m 07^s,5$

$P = 3^h 38^m 15^s$

$Tag = 20^h 21^m 45^s$

$Tap = 18^h 58^m 59^s$

$G'_2 = 1^h 22^m 46^s$ E.

$G'_2 = 20°41'30"$ E.

**Calcul de $p'_2$.**

$2d - d' + d'' = -26,8$

$\frac{2d - d' + d''}{2\delta} = -0',22$

$p'_1 = -0',22$

$4 p'_1 = p'_1 = -0^s,88$

**Calcul de $Z_2$.**

Table D / Caillet, avec $L'_1 = 42°57'$, $p'_2 = -0^s,88$,

on trouve $Z_2$ = S. 80°,6 E.

**Cor. Pagel et $Z_2$.**

(TABLES DE PERRIN.)

T. I = — 0 ,45

T. II = + 0 ,67

Corr. Pagel — + 0',22

T. III. $Z_2$ = S. 80°,8 E.

*Deuxième point déterminatif* $Z'_2$ $\begin{cases} L'_1 = L'_2 = 42°56'47" \text{ N.} \\ G'_2 = 20°41'30" \text{ E.} \end{cases}$

La latitude $L'_2$ étant exacte, on a : $L'_2 = L$ $\qquad G'_2 = G$

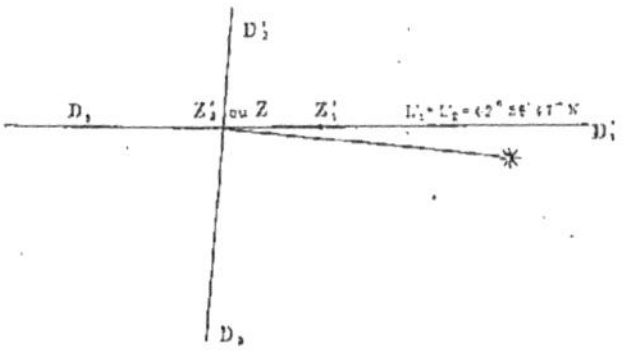


**Point observé Z.**[1]

$L'_1 = L'_2 = L = 42°57'$ N.

$G'_2 = G = 20°41'$ E.

1. Le point observé ainsi obtenu n'est en quelque sorte que provisoire; on doit le contrôler dès que la chose est possible par une troisième observation. C'est pour cela qu'il est utile, en calculant $G'_2$, de prendre les différences logarithmiques destinées à donner $p'_2$ et l'azimut $Z_2$. Ces éléments seront, en effet, indispensables dans les calculs suivants.

# FEUILLE XXIII

## POINT PAR UNE HAUTEUR DE LA POLAIRE ET UNE HAUTEUR D'UN ASTRE QUELCONQUE

(PROCÉDÉ MARCQ)

Principales formules :

$$L' = \text{Hv Polaire} \pm \text{Correction Table III de la Polaire.}$$

La correction s'ajoute si Tag est compris entre $6^h$ et $18^h$ ; elle se retranche si Tag $< 6^h$ ou si Tag $> 18^h$

$$\sin \varphi = \sin \frac{P_e}{2} \sqrt{\frac{\cos L' \cos D}{\cos (L'_1 \pm D)}} \qquad (4)$$

$$\sin He = \cos (L'_1 \pm D) \cos 2\varphi.$$

On prend la somme $L'_1 + D$ si $L'_1$ et D sont de noms contraires.

— différence $L'_1 - D$ — de même nom.

Les formules (4) sont applicables dans tous les cas, quelles que soient les valeurs de $P_e$ et de D.

**Feuille XXIII.**

## POINT PAR UNE HAUTEUR DE LA POLAIRE ET UNE HAUTEUR D'UN ASTRE QUELCONQUE.

(386) (PROCÉDÉ MARCQ.)

Le 15 février, vers $9^h36^m$ du soir, par $\left\{ \begin{array}{l} L_e = 42°45' \text{ N.} \\ G_e = 20°19' \text{ E.} \end{array} \right\}$ on a observé :

Hi Polaire = 42°51'40"  ε = — 1'20"  Élév. $5^m,5$

De $9^h36^m$ à minuit $45^m$ on a fait 18,6 milles au N. 48 E. du compas; Variat. 18° N.-E; Dérive $2^\circ$ $T^d$; et à minuit $45^m$ on a observé dans l'Est :

Hi *Arcturus* = 39°08'  
ε = — 1'20"  
Élév. œil. = $5^m$

M = $9^h08^m21^s$  
A — M = $3^h19^m10^s$

Tmp — A = $10^h59^m27^s$ à $0^h$ le 15. Marche diurne $a$ = — $4^s,8$ (Retard).

Déterminer le point observé au moment de la seconde observation.

---

### LATITUDE PAR LA POLAIRE

**Hv Polaire.**

Hi = 42°51'40"  
ε = — 1'20"  
Ho = 42°50'20"  
Dép. = — 4'09  
Har = 42°46'11"  
Rm = — 1'03"  
Hv Polaire = 42°45'08"

**Tag.**

Tvg = $9^h36^m00^s$ le 15.  
G = $1^h36^m16^s$ E.  
Tvp appr. = $8^h00^m00^s$ le 15.

Tvg = $9^h36^m00^s$  
Æv — Æa = $20^h38^m30^s$  
Tag = $6^h14^m30^s$

**C. des Temps.**

Table I (Polaire).

le 15 vers $8^h$ Æv — Æa = $20^h38^m30$

**Correction Δ cos P et Latitude.**

T. III. (Polaire) pr $6^h14^m$ + 0°04'39"  
Hv Polaire = 42°45'08" N.  
Latitude L' = 42°49'47" N.

**Transport du premier lieu géométrique (parallèle de latitude L').**

| V. | m. | N. | E. | |
|---|---|---|---|---|
| N. 68 E. | 18,6 | 7 | 17,3 | $g$ = 23,6 |

L' = 42°49'47" N.  
$l$ = 7' N.  
$L'_1$ = 42°56'47" N.

$G_e$ = G' = 20°19' E.  
$g$ = 23'36" E.  
$G'_1$ = 20°42'36" E.

---

### DEUXIÈME OBSERVATION

**β Petit chien.**

**Tvp appr.**

Tvg = $12^h45^m$ le 15.  
$G'_1$ = — $1^h22^m50^s$ E.  
Tvp appr. = $11^h22^m10^s$ le 15.

**Tmp.**

M = $9^h08^m21^s$  
A — M = $3^h19^m10^s$  
Tmp — A = $10^h59^m27^s$  
Tmp appr. = $11^h26^m58^s$  
pp. signe contr. = + $2^s,3$  
Tmp = $11^h27^m00^s,3$ le 15.

**Pe.**

Tmp = $11^h27^m00^s,3$  
Æm = $21^h42^m40^s,4$  
Tsp = $9^h09^m40^s,7$  
— Æ ✻ = $14^h10^m41^s,4$  
Tap = $18^h58^m59^s,3$  
$G'_1$ = $1^h22^m50^s$  
Tag = $20^h21^m49^s,3$  
$P_e$ = $3^h38^m11^s$

$12^h$ — $P_e$ = $8^h21^m49^s$

**Hv ✻.**

Hi ✻ = 39°08'00"  
ε = — 1'20"  
Ho ✻ = 39°06'40"  
— Dép. = — 3'58"  
Har ✻ = 39°02'42"  
— Rm = — 1'12"  
Hv ✻ = 39°01'30"

**Éléments de la *C. des T.***

D ✻ = 19°44'48",6 N.  
Δ = 70°15'11"  
Æ ✻ = $14^h10^m41^s,4$

à $0^h$ le 15 Æm = $21^h40^m47^s,5$  
T. VI. *C. des T.* pr Tmp $1^m52^s,86$  
à Tmp, Æm = $21^h42^m40^s,4$

**Feuille XXIII.**

**Calcul de Hv — He.**

$$\sin \varphi = \sin \frac{P_c}{2} \sqrt{\frac{\cos L'_1 \cos D}{\cos (L'_1 - D)}} \qquad (368)$$

$$\sin H_e = \cos (L'_1 - D) \cos 2\varphi.$$

$L'_1 = 42°56'47''$ N.
$D = 19°44'49''$ N.
[1] $L'_1 - D = 23°11'58''$

$\log \cos = \bar{1},864510$
$\log \cos = \bar{1},973682$
$\text{colog} \cos = 0,036621$ — $\log \cos = \bar{1},963379$
$\text{somme} = \bar{1},874813$

$\frac{P_c}{2} = 1^h 49^m 05^s$

$1/2\ \text{somme} = \bar{1},937406$
$\log \sin \frac{P_c}{2} = \bar{1},661052$

$\log \sin \varphi = \bar{1},598458$
$\varphi = 23°22'15''$
$2\varphi = 46°44'30''$ — $\log \cos = \bar{1},835874$

$\log \sin He = \bar{1},799253$

$He = 39°02'30''$
$Hv = 39°01'30''$
$Hv - He = -\ 1'00''$

**Calcul de $Z_2$.**

Tables de Labrosse avec $12^h - P_c = 8^h 21^m 49^s$, $\Delta = 70°15'$, $L'_1 = 42°56'47''$
on trouve $Z_2 =$ N. 99 E.
ou S. 81 E.

**Coordonnées du 2e point déterminatif.**

| V. | m. | N. | O. | |
|---|---|---|---|---|
| [2] N. 81 O. | 1 | 0,14 | 0,99 | $g = 1,35$ |

$L'_1 = 42°56'47''$ N. — $G'_1 = 20°42'36''$ E.
$l = 0°00'08''$ N. — $g = 1'21''$ O.
$L'_2 = 42°56'55''$ N. — $G'_2 = 20°41'15''$ E.

**Calcul de $p'_2$.**

Table D Caillet avec $L'_1 = 42°56'47$, $Z_2 = 81°$
on trouve $p'_1 = -\ 0^s,9$

$\frac{1}{4} p'_1 = p'_2 = -\ 0',22$

**Calcul de $\Delta G'_2$ et de G.**

$\Delta G'_2 = p'_2 \times \Delta L'_2 = 0,22 \times 0,14 = 0',03$

$\Delta G'_2 = 0°00'02''$ vers l'Ouest.
$G'_2 = 20°41'15''$ E.
$G = 20°41'13''$ E.

**Calcul de L et de $\Delta L'_2$.**

On a : $L = L'_1 = 42°56'47''$ N.
$\Delta L'_2 = L'_2 - L = L'_2 - L'_1 = 0',14$

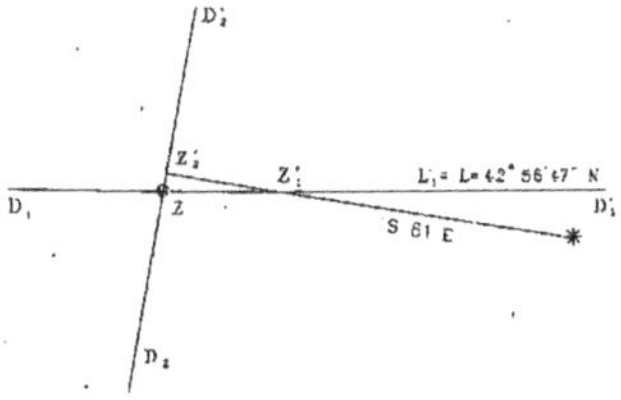


**Point observé.**

$L = 42°57'$ N.
$G = 20°41'$ E.

Nota. — La correction $\Delta G'_2$ est absolument négligeable dans ce cas-ci ; nous en avons tenu compte à titre d'exemple, pour indiquer le sens dans lequel il conviendrait de la porter, si elle avait une valeur plus grande.

1. On fait la différence puisque $L'_1$ et D sont de même nom.
2. Opposé de l'azimut puisque Hv — He est négative.

# FEUILLE XXIV

## CALCUL DES HAUTEURS VRAIES ET APPARENTES DU SOLEIL ET DE LA LUNE

Formules principales :

Latitude géocentrique = Latitude géographique — Correction Table XXII Caillet.

$$\operatorname{tg}\varphi = \operatorname{tg}\Delta \cos P\,; \qquad \sin Hv = \frac{\cos\Delta \sin(L+\varphi)}{\cos\varphi}.$$

On prend $\varphi < 90^\circ$ si $\Delta$ et P sont de même espèce.

— $\varphi > 90^\circ$ — d'espèces différentes.

— Hv toujours $< 90^\circ$.

Feuille XXIV.

## (352. 353) CALCUL DES HAUTEURS VRAIES ET APPARENTES DU SOLEIL ET DE LA LUNE[1].

---

Le 2 mai, vers $9^h$ du matin, par $\left\{\begin{array}{l} L_e = 45°45'17'' \text{ N.} \\ G_e = 10°15'00'' \text{ O.} \end{array}\right\}$, on demande les hauteurs vraies et apparentes du Soleil et de la Lune. L'heure du chronomètre est $A = 8^h33^m03^s$, l'état absolu approché $Tmp - A = 1^h05^m12^s$.

---

### SOLEIL.

**Tvp appr.**

| | |
|---|---|
| $Tvg =$ | $21^h$ le $1^{er}$. |
| $G_e =$ | $0^h41^m$ O. |
| Tvp appr. $=$ | $21^h41^m$ le $1^{er}$. |

**Latitude géocentrique.**

| | |
|---|---|
| $L_e =$ | $45°45'17''$ N. |
| T. XXII Caillet. $= -$ | $11'17''$ |
| L géoc. $=$ | $45°34'00''$ N. |

**Tmp et P ☉.**

| | |
|---|---|
| $A =$ | $8^h33^m03^s$ |
| $Tmp - A =$ | $1^h05^m12^s$ |
| $Tmp =$ | $21^h38^m15^s$[2] |
| $Em =$ | $0^h03^m06^s$ |
| $Tvp =$ | $21^h41^m21^s$ |
| $G_e = -$ | $0^m41^s$ O. |
| $Tvg =$ | $21^h40^m40^s$ |
| P ☉ $=$ | $2^h19^m20^s$ |

**Éléments de la *C. des T.***

| | |
|---|---|
| à $0^h$ le $1^{er}$ $D =$ | $15°04'28'',9$ |
| pp. p$^r$ Tmp $=$ | $16'16''$ |
| à Tmp, $D =$ | $15°20'45''$ N. |
| $\Delta =$ | $74°39'15''$ |
| à $0^h$ le $1^{er}$ $Em =$ | $0^h02^m59^s$ |
| pp. p$^r$ Tmp $=$ | $7^s$ |
| à Tmp, $Em =$ | $0^h03^m06^s$ |

**Calcul de Hv ☉ et de Har ⊖.**

| | | | | |
|---|---|---|---|---|
| P ☉ $= 2^h19^m20^s$ | (+) log cos $= \bar{1},914246$ | | | |
| $\Delta = 74°39'15''$ | (+) log tg $= 0,561570$ | | log cos $=$ | $\bar{1},422663$ (+) |
| | (+) log cos $\varphi = 0,475816$ | | | |
| | $< 90°$ $\varphi = 71°30'45''$ | | colog cos $=$ | $0,498807$ (+) |
| | L géoc. $= 45°34'00''$ | | | |
| | $L + \varphi = 117°04'45''$ | | sin $(L + \varphi) =$ | $\bar{1},949575$ (+) |
| | | | log sin Hv ⊖ $=$ | $\bar{1},871045$ |
| | | | Hv ⊖ $=$ | $47°59'45''$ |
| | | | $Rm - \varpi = +$ | $48''$ |
| | | | Har ⊖ $=$ | $48°00'33''$ |

---

1. Nous supposerons que ces hauteurs sont destinées à un calcul de réduction de distance lunaire et nous emploierons, par suite, la latitude géocentrique.

2. On a ajouté $12^h$ à la somme, l'heure vraie étant $21^h$ et non $9^h$.

**Feuille XXIV.**

## LUNE.

### Éléments de la *C. des T.*

à $21^h$ le $1^{er}$ D ☾ = 18°58′04″,3
pp. p$^r$ $38^m$,25 = 7′05″,3
à Tmp, D ☾ = 18°50′59″ Sud.
Δ ☾ = 108°50′59″

Parallaxe horiz. équat. Π = 59′20″
T. XXIV Caillet = — 6″
Parallaxe horiz. locale π = 59′14″

à $21^h$ le $1^{er}$ Æ ☾ = $21^h44^m46^s$,29
pp. p$^r$ $38^m$,25 = $1^m31^s$,03
à Tmp, Æ ☾ = $21^h46^m17^s$,32
à $0^h$ le $1^{er}$ Æm = $2^h36^m29^s$,05
T. VI *C. des T.* p$^r$ Tmp } = $3^m33^s$,27
à Tmp, Æm = $2^h40^m02^s$,32

### P ☾.

Tmp = $21^h38^m15^s$,
Æm = $2^h40^m02^s$,3
Tsp = $0^h18^m17^s$,3 [1]
— Æ ☾ = $21^h46^m17^s$,3
T ☾ p = $2^h32^m00^s$
$G_e$ = $41^m$ O.
T ☾ g = $1^h51^m00^s$
P ☾ = $1^h51^m00^s$

### Hv € et Har €.

(+) log cos P ☾ = $\bar{1}$,946937
(—) log tg Δ ☾ = 0,466734
(—) log tg φ = 0,413671
> 90° φ = 111°05′45″
L géoc. = 45°34′00″
L + φ = 156°39′45″

log cos Δ = $\bar{1}$,509326
colog cos φ = 0,443783
log sin (L + φ) = $\bar{1}$,597856
log sin Hv € = $\bar{1}$,550965
Hv € = 20°49′45″
ϖ — Rm = 53′03″
Har € = 19°56′42″

### Calcul de ϖ — Rm(304)

Table XXVIII Caillet } avec { Hv € = 20°50′ ; π = 59′ } 52′38″
p$^r$ 14″ de π 13″
(ϖ — Rm) approchée = 52′51″
Hv € = 20°49′45″
Har € approchée = 19°56′54″

Table XXVIII Caillet } avec { Har € appr. = 19°50′ ; π = 59′ } 52′51″
p$^r$ 7′ de H$^r$ — 1″
p$^r$ 14″ de π + 13″
ϖ — Rm = 53′03″

1. La somme dépassant $24^h$ on doit retrancher $24^h$; mais on est conduit à les ajouter de nouveau à Tsp pour pouvoir retrancher Æ ☾.

# FEUILLE XXV

## CALCUL DE L'HEURE DE PARIS PAR LES DISTANCES LUNAIRES

### (MÉTHODE APPROCHÉE)

Formules principales :

$$\sin \varphi = \frac{\sqrt{\dfrac{\cos a' \cos b' \cos S \cos (S - DSa)}{\cos a \cos b}}}{\cos \dfrac{a' + b'}{2}}$$

$$\sin \frac{DSv}{2} = \cos \frac{a' + b'}{2} \cos \varphi.$$

On a d'ailleurs : $a = \mathrm{Har}\ominus$; $a' = \mathrm{Hv}\ominus$;
$b = \mathrm{Har}\in$; $b' = \mathrm{Hv}\in$.

Cette méthode de réduction n'est qu'*approchée* parce qu'on ne tient pas compte de l'accourcissement des demi-diamètres inclinés, de l'aplatissement de la terre et des corrections des réfractions moyennes relatives à la température et à la pression atmosphérique.

Nous avons employé la simplification de Burchkardt, qui permet de calculer très simplement le log $\frac{\cos a'}{\cos a}$.

**Feuille XXV.**

## (394 et suiv.) CALCUL DE L'HEURE DE PARIS PAR LES DISTANCES LUNAIRES.

(MÉTHODE APPROCHÉE.)

---

Le 2 mai, vers $9^h$ du matin, par $\left\{ \begin{array}{l} L_e = 45°45'17''\ N. \\ G_e = 38°45'\ \ O. \end{array} \right\}$ on a fait les observations simultanées suivantes :

$Hi\odot = 47°47'30''$, $\varepsilon = +\ 2'30''$ ; $Hi☾ = 19°48'00''$, $\varepsilon = -\ 2'55''$ ; Élév. œil $= 6^m,4$

Distance des bords voisins de la Lune et du Soleil $DSi = 78°18'20''$ $\varepsilon = -\ 15''$.
Le compteur marquait $M = 8^h25^m15^s$, $A - M = 1^h19^m14^s$.
Déterminer l'état absolu du chronomètre.

---

**Tvp appr.**

| | |
|---|---|
| Tvg appr. = | $21^h$ le $1^{er}$. |
| $G_e$ = | $2^h35^m$ O. |
| Tvp appr. = | $23^h35^m$ le $1^{er}$. |

**Éléments de la *C. des T.***

| | | | |
|---|---|---|---|
| Π☾ à Tvp = | 59'20" | d☾ à Tvp = | 16'11" |
| T. XXIV Caillet = — | 6" | T. XXV Caillet = + | 6" |
| π☾ = | 59'14" | d'☾ = | 16'17" |

$d\odot = 15'54''$

**Correction des hauteurs et de la distance.**

| | | | | | |
|---|---|---|---|---|---|
| Hi⊙ = | 47°47'30" | Hi☾ = | 19°48'00" | DSi = | 78°18'20" |
| ε = + | 2'30" | ε = — | 2'55" | ε = — | 15" |
| Ho⊙ = | 47°50'00" | Ho☾ = | 19°45'05" | DSo = | 78°18'05" |
| Dép = — | 4'29" | Dép. = — | 4'29" | d'☾ = + | 16'17"[2] |
| Ha⊙ = | 47°45'31" | Ha☾ = | 19°40'36" | d⊙ = d'⊙ = + | 15'54"[2] |
| d⊙ = + | 15'54"[1] | d☾ = + | 16'11"[1] | DSa = | 78°50'16" |
| a = Har⊖ = | 48°01'25" | b = Har € = | 19°56'47" | | |
| Rm — ϖ = — | 48" | ϖ — Rm = + | 53'03" | | |
| a' = Hv⊖ = | 48°00'37" | b' = Hv € = | 20°49'50" | | |

---

1. Rigoureusement, on devrait employer dr⊙ et dr☾; mais on sait que la hauteur apparente réfractée du centre n'a pas besoin de se calculer avec une grande précision.

2. On devrait employer les demi-diamètres réfractés *inclinés;* mais si on veut se dispenser de calculer les angles à la Lune et au Soleil, on se sert des demi-diamètres en hauteur non réfractés ; l'erreur ainsi commise n'est appréciable que si les hauteurs sont très petites, la correction de la Table XXIII étant toujours très faible quand la hauteur dépasse une quinzaine de degrés.

**Feuille XXV.**

**Calcul de DSv.**

$DSa = 78°50'16''$
$a = 48°01'25''$
$b = 19°56'47''$

$2S = 146°48'28''$
$S = 73°24'14''$
$DSa - S = 5°26'02''$
$a' = 48°00'37''$
$b' = 20°49'50''$

$a' + b' = 68°50'27''$

$\frac{a' + b'}{2} = 34°25'14''$

T. XXIX Caillet. $= 0{,}000108$
colog cos $= 0{,}026865$ } 2 } 7
log cos $= \bar{1}{,}455787$
log cos $= \bar{1}{,}998044$ } 8
log cos $= \bar{1}{,}970635$

2 log numéra. $= \bar{1}{,}451456$

log numéra. $= \bar{1}{,}725728$
colog cos $= 0{,}083573$ } 20

log sin $\varphi = \bar{1}{,}809321$

$\varphi = 40°08'20''5$

log cos $= \bar{1}{,}916407$

log cos $= \bar{1}{,}883351$ } 17

$\log \sin \frac{DSv}{2} = \bar{1}{,}779775$

$\frac{DSv}{2} = 39°05'48'$

$DSv = 78°11'36''$

**Calcul de Tmp.**

$DSv = 78°11'36''$
à $24^h$ Dist. voisine $= 77°57'35''$ [1]
Différence $= 14'01''$

$\log = 2{,}9248$
$\log \frac{3^h}{\text{variat.}} = 0{,}2585$

log Interv. appr. $= 3{,}1833$

Interv. approché $= 0^h25^m25^s$
*C. des T.* T. XI et XII $= + \quad 00^s$ [2]

Interv. exact $= 0^h25^m25^s$ [3]
Heure de la dist. voisine $= 24^h00^m00^s$

Tmp $= 23^h34^m35^s$

**Calcul de Tmp — A.**

$M = 7^h25^m15^s$
$A - M = 1^h19^m14^s$

$A = 8^h44^m29^s$
Tmp $= 23^h34^m35^s$

Tmp $- A = 2^h50^m06^s$ [4]

---

1. On prend toujours la différence entre DSv et la distance *la plus voisine* lue dans la *C. des T.*; ici nous avons pris, par suite, la distance suivante.

2. On a, dans ce cas, (*C. des Temps*). { pʳ $21^h$ $\log \frac{3}{\text{variat.}} = 0{,}2593$ et $D_0 = 79°36'46''$ ; pʳ $24^h$ $\log \frac{3}{\text{variat.}} = 0{,}2585$ et $D_1 = 77°57'37''$ } la différence de ces deux logarithmes est 8 et ils vont en *croissant* de $24^h$ vers $21^h$, c'est-à-dire *dans le sens de l'interpolation*; si la correction de la Table XI avait été appréciable, on aurait dû l'*ajouter* à l'intervalle approché.

3. L'intervalle exact doit se retrancher, puisque la distance la plus voisine est celle qui suit.

4. Nous avons retranché $12^h$ à Tmp — A, parce qu'il est inutile de considérer des états absolus plus grands que $12^h$.

(Voir Feuille XXVI la même réduction de distance lunaire, traitée en tenant compte de toutes les corrections.)

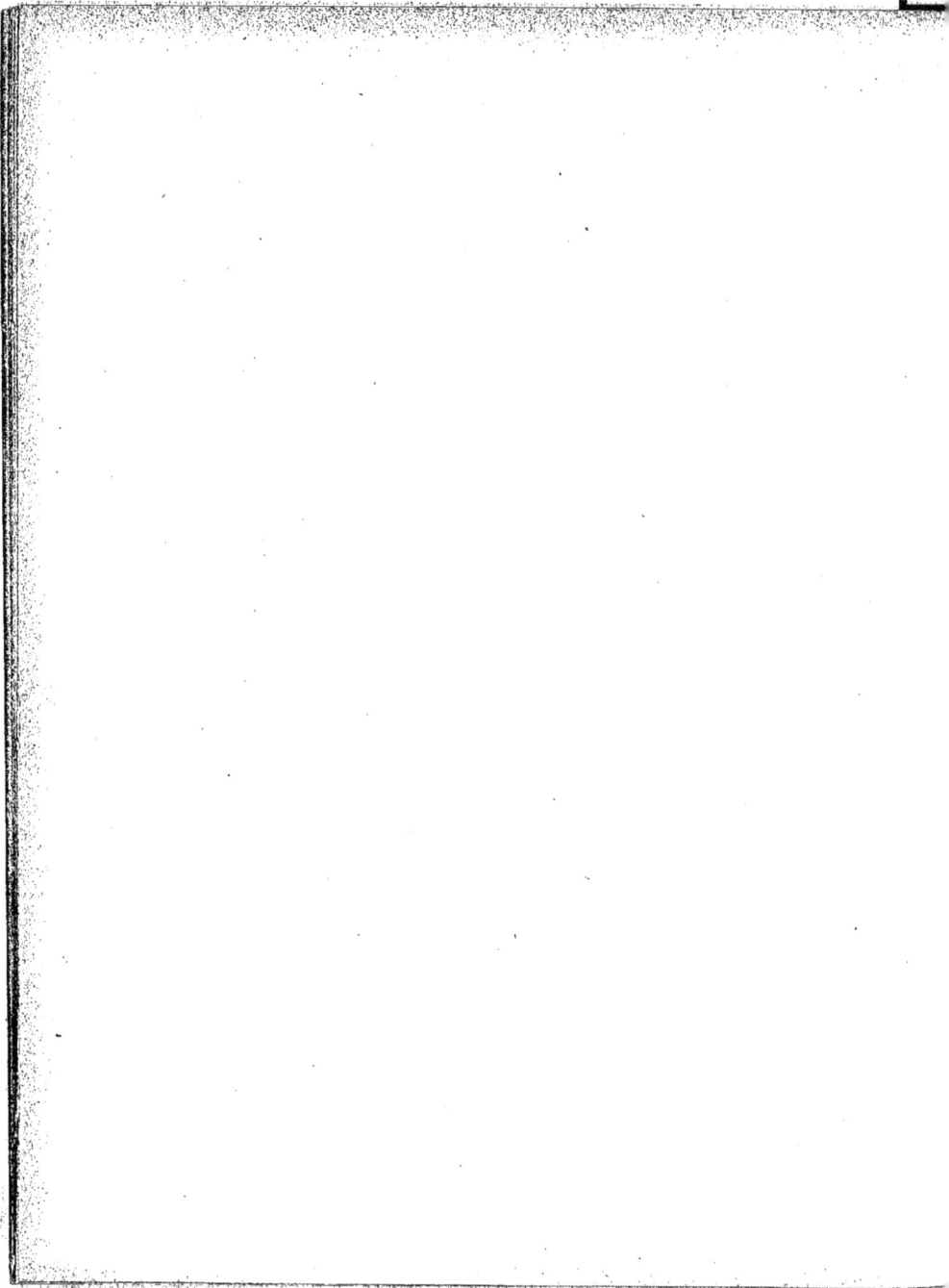

# FEUILLE XXVI

## CALCUL DE L'HEURE DE PARIS PAR LES DISTANCES LUNAIRES

(MÉTHODE RIGOUREUSE)

Outre les formules de la Feuille XXV, on a employé la suivante :

Hauteur instrumentale géocentrique = Hi☾ ± Correction Table XXVI Caillet.

On donnera à cette correction le signe contraire à celui de la Table XXVI.

Le calcul de sin $\varphi$ a été fait avec la simplification de Borda et celle de Burchkardt. Toutefois, cette dernière ne nous paraît pas très avantageuse, quand on est obligé de faire, au log $\frac{\cos a'}{\cos a}$ donné par la Table IX de la *C. des T.*, les corrections pour le thermomètre et pour le baromètre. Il nous paraît tout aussi simple de prendre séparément le colog cos $a$ et le log cos $a'$, ce dernier nécessitant seul le calcul d'une partie proportionnelle.

Feuille XXVI.

(391 et suiv.) **CALCUL DE L'HEURE DE PARIS PAR LES DISTANCES LUNAIRES.**

(MÉTHODE RIGOUREUSE.)

---

Le 2 mai, vers $9^h$ du matin, par $\left\{ \begin{array}{l} L_e = 45°45'17'' \text{ N.} \\ G_e = 38°45' \quad \text{O.} \end{array} \right\}$ on a fait les observations simultanées suivantes :

Hi ⊙ = 47°47′30″ ; Hi ☾ = 19°48′00″ } ε = + 2′50″ ; ε = — 2′55″ } Élév. œil $6^m$,4 — Thermo. θ = + 22° ; Barom. β = 749$^{mm}$

Distance des bords voisins de la Lune et du Soleil DSi = 78°18′20″ ε = — 15″.

Le compteur marquait M = $1^h 25^m 15^s$ ; compar. A — M = $1^h 19^m 14^s$.

L'azimut vrai du Soleil déduit d'un relèvement était Zv ⊙ = S. 55 E. et celui de la Lune Zv ☾ = S. 28 O.

On demande l'état absolu du chronomètre.

---

**Tvp appr.**

Tvg = $21^h$ le 1$^{er}$
$G_e$ = $2^h 35^m$ O.
Tvp appr. = $23^h 35^m$ le 1$^{er}$.

**Éléments de la *C. des T.***

Π ☾ à Tmp = 59′20″
T. XXIV Caillet = — 6″
π ☾ = 59′14″

d ☾ à Tmp = 16′11″
d ⊙ à Tmp = 15′54″

**Correction des Hauteurs.**

Hi ⊙ = 47°47′30″
Caillet T. XXVI } = + 6′30″
Haut. géoc. = 47°54′00″
ε = + 2′30″
Ho ⊙ = 47°56′30″
Dép. = — 4′29″
Har ⊙ = 47°52′01″
d ⊙ = + 15′54″[1]
Har ⊖ = 48°07′55″
en arrondissant
a = Har ⊖ = 48°08′00″
R — ϖ = — 44″
a′ = Hv ⊖ = 48°07′16″

Caillet T. XVI. Rm = 52″,3
Caillet T. XXI { pr θ = + 22° { — 2″,2 ; pr β = 749$^{mm}$ { — 0″,7
Correct. T. XXI = — 2″,9
R = 52″,3 — 2″,9 = 49″,4
T. III *C. des T.* } ϖ = 5″,88
R — ϖ = 43″,52

Hi ☾ = 19°48′00″
Caillet T. XXVI } = + 9′48″
Haut. géoc. = 19°57′48″
ε = — 2′55″
Ho ☾ = 19°54′53″
Dép. = — 4′29″
Har ☾ = 19°50′24″
d ☾ = + 16′11″[1]
Har € = 20°06′35″
en arrondissant
b = Har € = 20°06′30″
ϖ — R = + 53′09″
b′ = Hv € = 20°59′39″

Table XXVIII Caillet { pr 20° et 59′ } 52′49″
pr 7′ de Π — 2″
pr 14″ de π + 13″
ϖ — Rm = 53′00″
T. XVI Caillet } Rm = 3′39″,4
T. XXI Caillet { pr 22° { — 6″,8 ; pr 749$^{mm}$ { — 2″,4
Correct. T. XXI = — 9″,2
Soustract. à Rm mais additive à ϖ — Rm.
ϖ — R = 53′00″ + 9″,2 = 53′09″,2

**Calcul des angles au Soleil et à la Lune.**

Différence des azimuts Za = 83°
Distance approchée (à vue) DSa = 78°50′

sin A ⊙ = $\dfrac{\text{cos Har € sin Za}}{\text{sin DSa}}$ sin A ☾ = $\dfrac{\text{cos Har ⊖ sin Za}}{\text{sin DSa}}$

log cos Har € = $\bar{1}$,9727
log sin Za = $\bar{1}$,9968
colog sin D Sa = 0,0083
log sin A ⊙ = $\bar{1}$,9778
A ⊙ = 72° ou 108°

log cos Har ⊖ = $\bar{1}$,8244
= $\bar{1}$,9968
= 0,0083
log sin A ☾ = $\bar{1}$,8295
A ☾ = 42° ou 138°

**Correction de la distance.**

DSi = 78°18′20″
ε = — 15″
DSo = 78°18′05″
dr ⊙ = + 15′53″,7
dr ☾ = + 16′15″,7
DSa = 78°50′14″,4

d ⊙ = 15′54″
T. XXIII Caillet { pr A ⊙ et Har ⊙ { — 0″,3
dr ⊙ = 15′53″,7

d ☾ = 16′11″
T. XXV Caillet } + 6″
d′ ☾ = 16′17″
T. XXIII Caillet { pr A ☾ et Har ☾ { — 1″,3
dr ☾ = 16′15″,7

---

1. Il est inutile de calculer le demi-diamètre réfracté vertical puisqu'on arrondit ensuite les hauteurs.

**Feuille XXVI.**

**Secondes négligées + 14".**

$DSa = 78°50'00''$
$a = 48°08'00''$
$b = 20°06'30''$
$2S = 147°04'30''$
$S = 73°32'15''$
$DSa - S = 5°17'45''$
$a' = 48°07'16''$
$b' = 20°59'39''$
$a' + b' = 69°06'55''$

$\frac{a' + b'}{2} = 34°33'27''$

**Calcul de DSv.**

T. IX. *C. des T.* = 0,000101
colog cos = 0,027314

log cos = $\bar{1}$,452381
log cos = $\bar{1}$,998148
5
log cos = $\bar{1}$,970164
2 log numéra. = $\bar{1}$,448113

log numéra. = $\bar{1}$,724057
colog cos = 0,084289
17
log sin $\varphi$ = $\bar{1}$,808363

T. IX. 0,0001090
pr θ = + 22° — 60
pr β = 749mm — 16
T. IX corrigée 0,0001014

log cos = $\bar{1}$,915694

log cos = $\bar{1}$,884042
4

$\log \sin \frac{DSv}{2} = \bar{1},799740$

$\frac{DSv}{2} = 39°05'35''$

$DSv = 78°11'10''$

secondes négligées = + 14"

$DSv = 78°11'24''$

**Calcul de Tmp.**

$DSv = 78°11'24''$
à $24^h$ $D_1 = 77°57'35''$
différ. = 13'49"

log = 2,9186
$\log \frac{3^h}{\text{variat.}} = 0,2585$
log Interv. appr. = 3,1771

Interv. appr. = $0^h25^m03^s,5$
T. XI et XII *C. des T.* = + $00^s$
Interv. exact = $0^h25^m03^s,5$
Heure dist. voisine = $24^h$
Tmp = $23^h34^m56^s,5$

**Calcul de Tmp — A.**

M = $7^h25^m15^s$
A — M = $1^h19^m14^s$
A = $8^h44^m29^s$
Tmp = $23^h34^m56^s,5$
Tmp — A = $2^h50^m27^s,5$ [1]

1. Ainsi, en tenant compte de l'aplatissement, du thermomètre, du baromètre et de l'accourcissement des demi-diamètres inclinés, le résultat diffère sensiblement de celui qu'on a obtenu à la Feuille XXV. Nous avions trouvé Tmp — A = $2^h50^m06^s$; la différence est $21^s,5$.

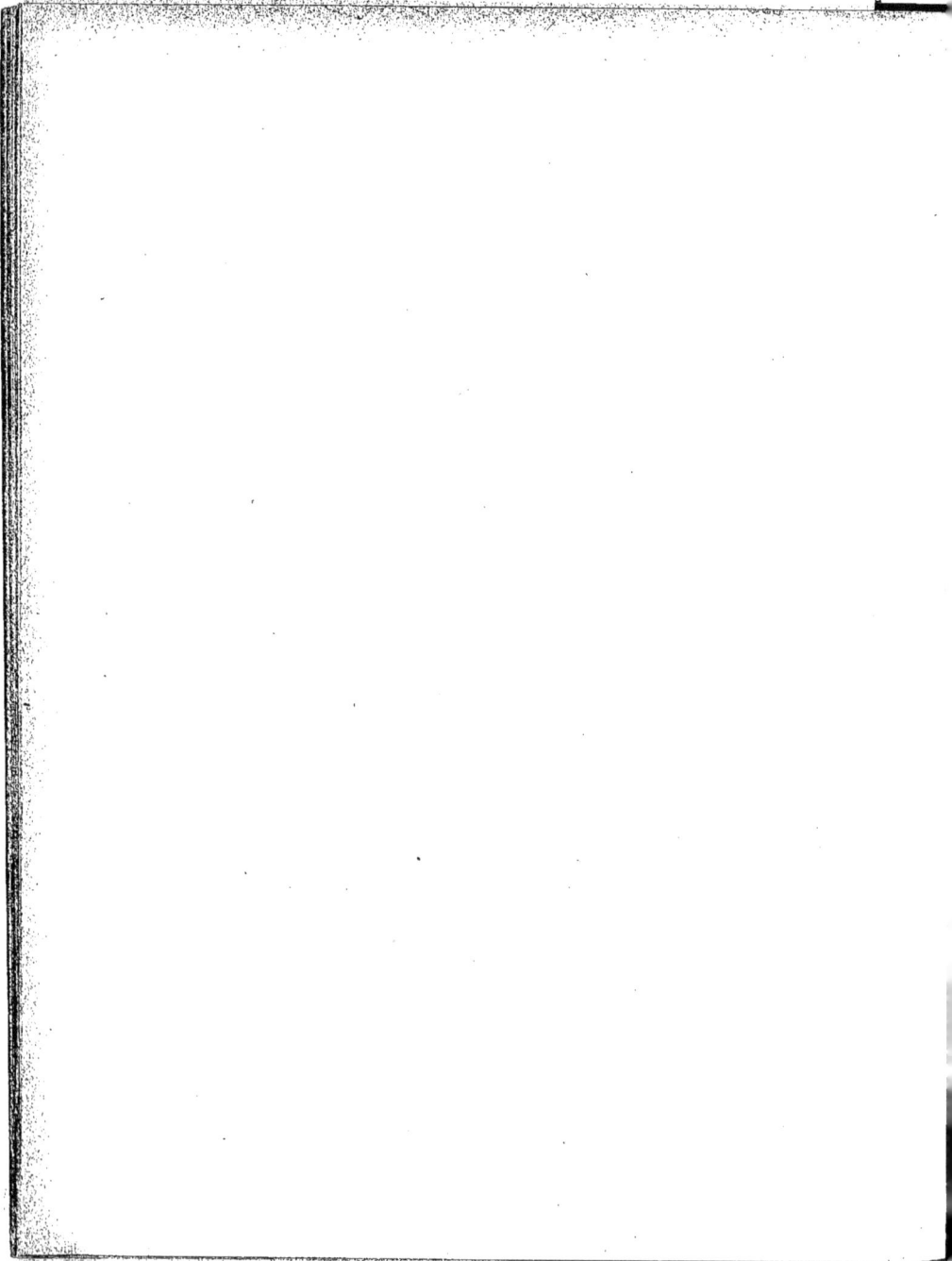

# TABLES NAUTIQUES

## TABLE I donnant α coefficient des circumméridiennes

(Table A auxiliaire de Caillet ou table XXVI de Caillet)

| LATITUDE | DÉCLINAISON DE NOM CONTRAIRE AVEC LA LATITUDE | | | | | | | | | | | | |
|---|---|---|---|---|---|---|---|---|---|---|---|---|---|
| | 0° | 2° | 4° | 6° | 8° | 10° | 12° | 14° | 16° | 18° | 20° | 22° | 24° |
| 0° | » | 56",2 | 28",1 | 18",7 | 14",0 | 11",1 | 9",24 | 7",88 | 6",85 | 6",04 | 5",39 | 4",86 | 4",41 |
| 1 | » | 37 ,5 | 22 ,5 | 16 ,0 | 12 ,4 | 10 ,1 | 8 ,54 | 7 ,36 | 6 ,45 | 5 ,73 | 5 ,15 | 4 ,66 | 4 ,24 |
| 2 | 56",2 | 28 ,1 | 18 ,7 | 14 ,0 | 11 ,2 | 9 ,29 | 7 ,93 | 6 ,91 | 6 ,10 | 5 ,46 | 4 ,92 | 4 ,47 | 4 ,09 |
| 3 | 37 ,5 | 22 ,5 | 16 ,1 | 12 ,5 | 10 ,2 | 8 ,58 | 7 ,41 | 6 ,51 | 5 ,76 | 5 ,20 | 4 ,72 | 4 ,30 | 3 ,95 |
| 4 | 28 ,1 | 18 ,7 | 14 ,0 | 11 ,2 | 9 ,33 | 7 ,97 | 6 ,95 | 6 ,15 | 5 ,51 | 4 ,97 | 4 ,53 | 4 ,14 | 3 ,81 |
| 5 | 22 ,4 | 16 ,0 | 12 ,5 | 10 ,2 | 8 ,61 | 7 ,44 | 6 ,54 | 5 ,83 | 5 ,25 | 4 ,76 | 4 ,35 | 3 ,99 | 3 ,69 |
| 6° | 18",7 | 14",0 | 11",2 | 9",39 | 7",99 | 6",98 | 6",18 | 5",54 | 5",01 | 4",57 | 4",19 | 3",86 | 3",57 |
| 7 | 16 ,0 | 12 ,5 | 10 ,2 | 8 ,62 | 7 ,46 | 6 ,56 | 5 ,86 | 5 ,28 | 4 ,79 | 4 ,39 | 4 ,03 | 3 ,73 | 3 ,46 |
| 8 | 14 ,0 | 11 ,2 | 9 ,33 | 7 ,99 | 6 ,99 | 6 ,20 | 5 ,56 | 5 ,04 | 4 ,60 | 4 ,22 | 3 ,89 | 3 ,61 | 3 ,35 |
| 9 | 12 ,4 | 10 ,2 | 8 ,60 | 7 ,45 | 6 ,57 | 5 ,87 | 5 ,29 | 4 ,82 | 4 ,41 | 4 ,06 | 3 ,76 | 3 ,49 | 3 ,25 |
| 10 | 11 ,1 | 9 ,29 | 7 ,97 | 6 ,98 | 6 ,20 | 5 ,57 | 5 ,05 | 4 ,61 | 4 ,24 | 3 ,92 | 3 ,63 | 3 ,38 | 3 ,16 |
| 11° | 10",1 | 8",56 | 7",43 | 6",56 | 5",86 | 5",30 | 4",83 | 4",43 | 4",08 | 3",78 | 3",52 | 3",28 | 3",07 |
| 12 | 9 ,24 | 7 ,93 | 6 ,95 | 6 ,18 | 5 ,56 | 5 ,05 | 4 ,62 | 4 ,25 | 3 ,93 | 3 ,65 | 3 ,41 | 3 ,18 | 2 ,99 |
| 13 | 8 ,50 | 7 ,39 | 6 ,53 | 5 ,84 | 5 ,29 | 4 ,82 | 4 ,43 | 4 ,09 | 3 ,79 | 3 ,53 | 3 ,30 | 3 ,09 | 2 ,90 |
| 14 | 7 ,88 | 6 ,91 | 6 ,15 | 5 ,54 | 5 ,04 | 4 ,61 | 4 ,25 | 3 ,94 | 3 ,66 | 3 ,42 | 3 ,20 | 3 ,01 | 2 ,83 |
| 15 | 7 ,33 | 6 ,48 | 5 ,81 | 5 ,26 | 4 ,81 | 4 ,42 | 4 ,09 | 3 ,80 | 3 ,54 | 3 ,31 | 3 ,11 | 2 ,92 | 2 ,75 |
| 16° | 6",85 | 6",10 | 5",51 | 5",01 | 4",60 | 4",24 | 3",93 | 3",66 | 3",42 | 3",21 | 3",02 | 2",84 | 2",68 |
| 17 | 6 ,42 | 5 ,76 | 5 ,23 | 4 ,78 | 4 ,40 | 4 ,07 | 3 ,79 | 3 ,54 | 3 ,31 | 3 ,11 | 2 ,93 | 2 ,77 | 2 ,61 |
| 18 | 6 ,04 | 5 ,46 | 4 ,97 | 4 ,57 | 4 ,22 | 3 ,92 | 3 ,65 | 3 ,42 | 3 ,21 | 3 ,02 | 2 ,85 | 2 ,69 | 2 ,55 |
| 19 | 5 ,70 | 5 ,18 | 4 ,74 | 4 ,37 | 4 ,05 | 3 ,77 | 3 ,53 | 3 ,31 | 3 ,11 | 2 ,93 | 2 ,77 | 2 ,62 | 2 ,49 |
| 20 | 5 ,39 | 4 ,92 | 4 ,53 | 4 ,19 | 3 ,89 | 3 ,63 | 3 ,41 | 3 ,20 | 3 ,02 | 2 ,85 | 2 ,70 | 2 ,56 | 2 ,43 |
| 21° | 5",12 | 4",69 | 4",33 | 4 ,02 | 3",74 | 3",51 | 3",29 | 3",10 | 2 ,93 | 2",77 | 2",63 | 2",49 | 2",37 |
| 22 | 4 ,86 | 4 ,47 | 4 ,14 | 3 ,86 | 3 ,61 | 3 ,38 | 3 ,18 | 3 ,01 | 2 ,84 | 2 ,69 | 2 ,56 | 2 ,43 | 2 ,31 |
| 23 | 4 ,63 | 4 ,27 | 3 ,97 | 3 ,71 | 3 ,48 | 3 ,27 | 3 ,08 | 2 ,91 | 2 ,76 | 2 ,62 | 2 ,49 | 2 ,37 | 2 ,26 |
| 24 | 4 ,41 | 4 ,09 | 3 ,81 | 3 ,57 | 3 ,35 | 3 ,16 | 2 ,99 | 2 ,83 | 2 ,68 | 2 ,55 | 2 ,43 | 2 ,31 | 2 ,21 |
| 25 | 4 ,21 | 3 ,92 | 3 ,66 | 3 ,44 | 3 ,24 | 3 ,06 | 2 ,89 | 2 ,74 | 2 ,61 | 2 ,48 | 2 ,36 | 2 ,26 | 2 ,15 |
| 26° | 4",03 | 3",76 | 3",52 | 3",31 | 3",13 | 2",96 | 2",80 | 2",66 | 2",54 | 2",42 | 2",31 | 2",20 | 2",10 |
| 27 | 3 ,85 | 3 ,61 | 3 ,39 | 3 ,19 | 3 ,02 | 2 ,86 | 2 ,72 | 2 ,59 | 2 ,47 | 2 ,35 | 2 ,25 | 2 ,15 | 2 ,06 |
| 28 | 3 ,69 | 3 ,47 | 3 ,26 | 3 ,08 | 2 ,92 | 2 ,77 | 2 ,64 | 2 ,51 | 2 ,40 | 2 ,29 | 2 ,19 | 2 ,10 | 2 ,01 |
| 29 | 3 ,54 | 3 ,33 | 3 ,15 | 2 ,98 | 2 ,83 | 2 ,69 | 2 ,56 | 2 ,44 | 2 ,33 | 2 ,23 | 2 ,14 | 2 ,05 | 1 ,96 |
| 30 | 3 ,40 | 3 ,21 | 3 ,03 | 2 ,88 | 2 ,74 | 2 ,61 | 2 ,49 | 2 ,38 | 2 ,27 | 2 ,18 | 2 ,09 | 2 ,00 | 1 ,92 |
| 31° | 3",27 | 3",09 | 2",93 | 2",78 | 2",65 | 2",53 | 2",41 | 2",31 | 2",21 | 2",12 | 2",04 | 1",95 | 1",88 |
| 32 | 3 ,14 | 2 ,98 | 2 ,83 | 2 ,69 | 2 ,57 | 2 ,45 | 2 ,34 | 2 ,25 | 2 ,15 | 2 ,07 | 1 ,99 | 1 ,91 | 1 ,83 |
| 33 | 3 ,02 | 2 ,87 | 2 ,73 | 2 ,60 | 2 ,49 | 2 ,38 | 2 ,28 | 2 ,18 | 2 ,10 | 2 ,02 | 1 ,94 | 1 ,86 | 1 ,79 |
| 34 | 2 ,91 | 2 ,77 | 2 ,64 | 2 ,52 | 2 ,41 | 2 ,31 | 2 ,21 | 2 ,13 | 2 ,04 | 1 ,96 | 1 ,89 | 1 ,82 | 1 ,75 |
| 35 | 2 ,80 | 2 ,67 | 2 ,55 | 2 ,44 | 2 ,34 | 2 ,24 | 2 ,15 | 2 ,07 | 1 ,99 | 1 ,92 | 1 ,85 | 1 ,78 | 1 ,71 |
| 36° | 2",70 | 2",58 | 2",47 | 2",36 | 2",26 | 2",17 | 2",09 | 2",01 | 1",94 | 1",87 | 1",80 | 1",74 | 1 ,68 |
| 37 | 2 ,61 | 2 ,49 | 2 ,38 | 2 ,29 | 2 ,20 | 2 ,11 | 2 ,03 | 1 ,96 | 1 ,89 | 1 ,82 | 1 ,76 | 1 ,70 | 1 ,64 |
| 38 | 2 ,51 | 2 ,41 | 2 ,31 | 2 ,22 | 3 ,13 | 2 ,05 | 1 ,98 | 1 ,91 | 1 ,81 | 1 ,77 | 1 ,71 | 1 ,66 | 1 ,60 |
| 39 | 2 ,42 | 2 ,32 | 2 ,23 | 2 ,15 | 2 ,07 | 1 ,99 | 1 ,92 | 1 ,85 | 1 ,79 | 1 ,73 | 1 ,67 | 1 ,62 | 1 ,56 |
| 40 | 2 ,34 | 2 ,25 | 2 ,16 | 2 ,08 | 2 ,00 | 1 ,93 | 1 ,87 | 1 ,80 | 1 ,74 | 1 ,69 | 1 ,63 | 1 ,58 | 1 ,53 |
| 41° | 2 ,26 | 2",17 | 2",09 | 2",02 | 1",94 | 1",88 | 1",81 | 1",76 | 1 ,70 | 1",64 | 1",59 | 1",54 | 1",49 |
| 42 | 2 ,18 | 2 ,10 | 2 ,02 | 1 ,95 | 1 ,89 | 1 ,82 | 1 ,76 | 1 ,71 | 1 ,65 | 1 ,60 | 1 ,55 | 1 ,51 | 1 ,46 |
| 43 | 2 ,11 | 2 ,03 | 1 ,96 | 1 ,89 | 1 ,83 | 1 ,77 | 1 ,71 | 1 ,66 | 1 ,61 | 1 ,56 | 1 ,51 | 1 ,47 | 1 ,43 |
| 44 | 2 ,03 | 1 ,96 | 1 ,90 | 1 ,83 | 1 ,77 | 1 ,72 | 1 ,67 | 1 ,62 | 1 ,57 | 1 ,52 | 1 ,48 | 1 ,43 | 1 ,39 |
| 45 | 1 ,96 | 1 ,90 | 1 ,84 | 1 ,78 | 1 ,72 | 1 ,67 | 1 ,62 | 1 ,57 | 1 ,53 | 1 ,48 | 1 ,44 | 1 ,40 | 1 ,36 |
| 46° | 1",90 | 1",83 | 1",78 | 1",72 | 1",67 | 1",62 | 1",57 | 1",53 | 1",48 | 1",44 | 1",40 | 1",36 | 1",33 |
| 47 | 1 ,83 | 1 ,77 | 1 ,72 | 1 ,67 | 1 ,62 | 1 ,57 | 1 ,53 | 1 ,49 | 1 ,44 | 1 ,40 | 1 ,37 | 1 ,33 | 1 ,29 |
| 48 | 1 ,77 | 1 ,71 | 1 ,66 | 1 ,62 | 1 ,57 | 1 ,53 | 1 ,48 | 1 ,44 | 1 ,41 | 1 ,37 | 1 ,33 | 1 ,30 | 1 ,26 |
| 49 | 1 ,71 | 1 ,66 | 1 ,61 | 1 ,56 | 1 ,52 | 1 ,48 | 1 ,44 | 1 ,40 | 1 ,37 | 1 ,33 | 1 ,30 | 1 ,26 | 1 ,23 |
| 50 | 1 ,65 | 1 ,60 | 1 ,56 | 1 ,51 | 1 ,47 | 1 ,44 | 1 ,40 | 1 ,36 | 1 ,33 | 1 ,29 | 1 ,26 | 1 ,23 | 1 ,20 |
| 51° | 1",59 | 1",55 | 1",50 | 1",47 | 1",43 | 1",39 | 1",36 | 1",32 | 1",29 | 1",26 | 1",23 | 1",20 | 1",17 |
| 52 | 1 ,53 | 1 ,49 | 1 ,45 | 1 ,42 | 1 ,38 | 1 ,35 | 1 ,32 | 1 ,28 | 1 ,25 | 1 ,22 | 1 ,19 | 1 ,17 | 1 ,14 |
| 53 | 1 ,48 | 1 ,44 | 1 ,41 | 1 ,37 | 1 ,34 | 1 ,31 | 1 ,28 | 1 ,25 | 1 ,22 | 1 ,19 | 1 ,16 | 1 ,13 | 1 ,11 |
| 54 | 1 ,43 | 1 ,39 | 1 ,36 | 1 ,33 | 1 ,29 | 1 ,26 | 1 ,24 | 1 ,21 | 1 ,18 | 1 ,15 | 1 ,13 | 1 ,10 | 1 ,08 |
| 55 | 1 ,37 | 1 ,34 | 1 ,31 | 1 ,28 | 1 ,25 | 1 ,22 | 1 ,20 | 1 ,17 | 1 ,14 | 1 ,12 | 1 ,10 | 1 ,07 | 1 ,05 |

**TABLE I donnant α coefficient des circumméridiennes** (*suite*)

(Table A auxiliaire de Caillet ou table XXVI de Callet)

| LATITUDE | DÉCLINAISON DE MÊME NOM QUE LA LATITUDE | | | | | | | | | | | | |
|---|---|---|---|---|---|---|---|---|---|---|---|---|---|
| | 0° | 2° | 4° | 6° | 8° | 10° | 12° | 14° | 16° | 18° | 20° | 22° | 24° |
| 0° | » | 56",2 | 28",1 | 18",7 | 14",0 | 11",1 | 9",24 | 7",88 | 6",85 | 6",04 | 5",39 | 4",86 | 4",41 |
| 1 | » | » | 37 ,4 | 22 ,4 | 16 ,0 | 12 ,4 | 10 ,1 | 8 ,47 | 7 ,29 | 6 ,39 | 5 ,67 | 5 ,08 | 4 ,59 |
| 2 | 56",2 | » | 56 ,1 | 28 ,0 | 18 ,6 | 13 ,9 | 11 ,1 | 9 ,16 | 7 ,80 | 6 ,77 | 5 ,97 | 5 ,32 | 4 ,79 |
| 3 | 37 ,5 | » | » | 37 ,3 | 22 ,3 | 15 ,8 | 12 ,3 | 9 ,97 | 8 ,38 | 7 ,21 | 6 ,30 | 5 ,58 | 5 ,00 |
| 4 | 28 ,1 | 56",1 | » | 55 ,8 | 27 ,8 | 18 ,5 | 13 ,8 | 10 ,9 | 9 ,06 | 7 ,70 | 6 ,68 | 5 ,88 | 5 ,23 |
| 5 | 22 ,4 | 37 ,4 | » | » | 37 ,0 | 22 ,1 | 15 ,7 | 12 ,1 | 9 ,85 | 8 ,27 | 7 ,10 | 6 ,20 | 5 ,49 |
| 6° | 18",7 | 28",0 | 55",8 | » | 55",4 | 27",6 | 18",3 | 13",6 | 10",8 | 8",93 | 7",58 | 6",57 | 5",77 |
| 7 | 16 ,0 | 22 ,4 | 37 ,2 | » | » | 36 ,7 | 21 ,9 | 15 ,5 | 12 ,0 | 9 ,71 | 8 ,14 | 6 ,98 | 6 ,09 |
| 8 | 14 ,0 | 18 ,6 | 27 ,8 | 55",4 | » | 54 ,9 | 27 ,3 | 18 ,1 | 13 ,4 | 10 ,7 | 8, 79 | 7 ,45 | 6 ,44 |
| 9 | 12 ,4 | 15 ,9 | 22 ,2 | 36 ,9 | » | » | 36 ,3 | 21 ,6 | 15 ,3 | 11 ,8 | 9 ,55 | 7 ,99 | 6 ,85 |
| 10 | 11 ,1 | 13 ,9 | 18 ,5 | 27 ,6 | 54",9 | » | 54 ,2 | 26 ,9 | 17 ,8 | 13 ,2 | 10 ,5 | 8 ,62 | 7 ,30 |
| 11° | 10",1 | 12 ,3 | 15 ,8 | 22",0 | 36",5 | » | » | 35",7 | 21",3 | 15",0 | 11",6 | 9",37 | 7",83 |
| 12 | 9 ,24 | 11 ,1 | 13 ,8 | 18 ,3 | 27 ,3 | 54",2 | » | 53 ,4 | 26 ,5 | 17 ,5 | 13 ,0 | 10 ,3 | 8 ,44 |
| 13 | 8 ,50 | 10 ,0 | 12 ,2 | 15 ,6 | 21 ,7 | 36 ,0 | » | » | 35 ,1 | 20 ,9 | 14 ,8 | 11 ,3 | 9 ,16 |
| 14 | 7 ,88 | 9 ,16 | 10 ,9 | 13 ,6 | 18 ,1 | 26 ,9 | 53",4 | » | 52 ,5 | 26 ,0 | 17 ,1 | 12 ,7 | 10 ,0 |
| 15 | 7 ,38 | 8 ,43 | 9 ,92 | 12 ,1 | 15 ,4 | 21 ,4 | 35 ,5 | » | » | 34 ,5 | 20 ,5 | 14 ,4 | 11 ,1 |
| 16° | 6",85 | 7",80 | 9",06 | 10",8 | 13",4 | 17",8 | 26",5 | 52",5 | » | 51",4 | 25",4 | 16",7 | 12 ,4 |
| 17 | 6 ,42 | 7 ,25 | 8 ,33 | 9 ,79 | 11 ,9 | 15 ,2 | 21 ,1 | 34 ,8 | » | » | 33 ,7 | 20 ,0 | 14 ,1 |
| 18 | 6 ,04 | 6 ,77 | 7 ,70 | 8 ,93 | 10 ,7 | 13 ,2 | 17 ,5 | 26 ,0 | 51 ,4 | » | 50 ,3 | 24 ,8 | 16 ,3 |
| 19 | 5 ,70 | 6 ,35 | 7 ,16 | 8 ,21 | 9 ,64 | 11 ,7 | 14 ,9 | 20 ,7 | 34 ,1 | » | » | 32 ,9 | 19 ,5 |
| 20 | 5 ,39 | 5 ,97 | 6 ,68 | 7 ,58 | 8 ,79 | 10 ,5 | 13 ,0 | 17 ,1 | 25 ,4 | 50 ,3 | » | 49 ,0 | 24 ,2 |
| 21° | 5",12 | 5",63 | 6",25 | 7",04 | 8",07 | 9 ,46 | 11",5 | 14",6 | 20",2 | 33",2 | » | 97",4 | 32",0 |
| 22 | 4 ,86 | 5 ,32 | 5 ,88 | 6 ,57 | 7. ,45 | 8 ,62 | 10 ,3 | 12 ,7 | 16 ,7 | 24 ,8 | 49",0 | » | 47 ,7 |
| 23 | 4 ,63 | 5 ,04 | 5 ,54 | 6 ,15 | 6 ,92 | 7 ,91 | 9 ,27 | 11 ,2 | 14 ,3 | 19 ,7 | 32 ,5 | 96 ,0 | 94 ,6 |
| 24 | 4 ,41 | 4 ,79 | 5 ,23 | 5 ,77 | 6 ,44 | 7 ,30 | 8 ,44 | 10, 0 | 12 ,4 | 16 ,3 | 24 ,2 | 47 ,7 | » |
| 25 | 4 ,21 | 4 ,55 | 4 ,95 | 5 ,44 | 6 ,03 | 6 ,77 | 7 ,74 | 9 ,05 | 10 ,9 | 13 ,9 | 19 ,2 | 31 ,5 | 93 ,2 |
| 26° | 4",03 | 4",34 | 4",70 | 5",13 | 5",66 | 6",31 | 7",14 | 8",24 | 9",77 | 12 ,1 | 15 ,9 | 23",5 | 46",2 |
| 27 | 3 ,85 | 4 ,14 | 4 ,47 | 4 ,86 | 5 ,32 | 5 ,89 | 6 ,61 | 7 ,55 | 8 ,81 | 10 ,6 | 13 ,5 | 18 ,6 | 30 ,5 |
| 28 | 3 ,69 | 3 ,95 | 4 ,25 | 4 ,60 | 5 ,02 | 5 ,53 | 6 ,15 | 6 ,95 | 8 ,02 | 9 ,50 | 11 ,7 | 15 ,4 | 22 ,7 |
| 29 | 3 ,54 | 3 ,78 | 4 ,05 | 4 ,37 | 4 ,75 | 5 ,19 | 5 ,75 | 6 ,44 | 7 ,34 | 8 ,56 | 10 ,3 | 13 ,1 | 18 ,0 |
| 30 | 3 ,40 | 3 ,62 | 3 .87 | 4 ,16 | 4 ,50 | 4 ,90 | 5 ,38 | 5 ,99 | 6 ,76 | 7 ,78 | 9 ,20 | 11 ,3 | 14 ,9 |
| 31° | 3",27 | 3",47 | 3",70 | 3",96 | 4",27 | 4",68 | 5",06 | 5",56 | 6",25 | 7",12 | 8",29 | 9 ,98 | 12",6 |
| 32 | 3 ,14 | 3 ,33 | 3 ,54 | 3 ,78 | 4 ,05 | 4 ,38 | 4 ,70 | 5 ,23 | 5 ,81 | 6 ,55 | 7 ,53 | 8 ,80 | 10 ,9 |
| 33 | 3 ,02 | 3 ,20 | 3 ,39 | 3 ,61 | 3 ,86 | 4 ,15 | 4 ,49 | 4 ,91 | 5 ,41 | 6 ,05 | 6 ,88 | 8 ,00 | 9 ,62 |
| 34 | 2 ,91 | 3 ,07 | 3 ,25 | 3 ,45 | 3 ,68 | 3 ,94 | 4 ,25 | 4 ,62 | 5 ,06 | 5 ,61 | 6 ,32 | 7 ,26 | 8 ,56 |
| 35 | 2 ,80 | 2 ,95 | 3 ,12 | 3 ,30 | 3 ,51 | 3 ,75 | 4 ,03 | 4 ,35 | 4 ,75 | 5 ,23 | 5 ,84 | 6 ,63 | 7 ,70 |
| 36° | 2",70 | 2",84 | 2",99 | 3",16 | 3",35 | 3",57 | 3",82 | 4",11 | 4",46 | 4",89 | 5",42 | 6",09 | 6",98 |
| 37 | 2 ,61 | 2 ,73 | 2 ,87 | 3 ,03 | 3 ,20 | 3 ,40 | 3 ,63 | 3 ,89 | 4 ,21 | 4 ,58 | 5 ,04 | 5 ,62 | 6 ,37 |
| 38 | 2 ,51 | 2 ,63 | 2 ,76 | 2 ,90 | 3 ,06 | 3 ,25 | 3 ,45 | 3 ,69 | 3 ,97 | 4 ,30 | 4 ,70 | 5 ,20 | 5 ,84 |
| 39 | 2 ,42 | 2 ,53 | 2 ,65 | 2 ,79 | 2 ,93 | 3 ,10 | 3 ,29 | 3 ,50 | 3 ,75 | 4 ,05 | 4 ,40 | 4 ,84 | 5 ,29 |
| 40 | 2 ,34 | 2 ,44 | 2 ,55 | 2 ,68 | 2 ,81 | 2 ,96 | 3 ,13 | 3 ,33 | 3 ,55 | 3 ,82 | 4 ,13 | 4 ,51 | 4 ,99 |
| 41° | 2",26 | 2",35 | 2",46 | 2",57 | 2",69 | 2",83 | 2",99 | 3",17 | 3",37 | 3",61 | 3",80 | 4",22 | 4 ,63 |
| 42 | 2 ,18 | 2 ,27 | 2 ,36 | 2 ,47 | 2 ,58 | 2 ,71 | 2 ,85 | 3 ,02 | 3 ,20 | 3 ,41 | 3 ,66 | 3 ,96 | 4 ,31 |
| 43 | 2 ,11 | 2 ,19 | 2 ,28 | 2 ,37 | 2 ,48 | 2 ,60 | 2 ,73 | 2 ,87 | 3 ,04 | 3 ,23 | 3 ,45 | 3 ,72 | 4 ,03 |
| 44 | 2 ,03 | 2 ,11 | 2 ,19 | 2 ,28 | 2 ,38 | 2 ,49 | 2 ,61 | 2 ,74 | 2 ,89 | 3 ,06 | 3 ,26 | 3 ,50 | 3 ,77 |
| 45 | 1 ,96 | 2 ,03 | 2 ,11 | 2 ,19 | 2 ,28 | 2 ,38 | 2 ,49 | 2 ,62 | 2 ,75 | 2 ,91 | 3 ,09 | 3 ,29 | 3 ,54 |
| 46° | 1",90 | 1",96 | 2",03 | 2",11 | 2",19 | 2",29 | 2",39 | 2",50 | 2",62 | 2",76 | 2",92 | 3",11 | 3",33 |
| 47 | 1 ,83 | 1 ,89 | 1 ,96 | 2 ,03 | 2 ,11 | 2 ,19 | 2 ,28 | 2 ,39 | 2 ,50 | 2 ,63 | 2 ,77 | 2 ,94 | 3 ,13 |
| 48 | 1 ,77 | 1 ,83 | 1 ,89 | 1 ,95 | 2 ,02 | 2 ,10 | 2 ,19 | 2 ,28 | 2 ,38 | 2 ,50 | 2 ,63 | 2 ,78 | 2 ,95 |
| 49 | 1 ,71 | 1 ,76 | 1 ,82 | 1 ,88 | 1 ,94 | 2 ,02 | 2 ,09 | 2 ,18 | 2 ,27 | 2 ,38 | 2 ,50 | 2 ,63 | 2 ,78 |
| 50 | 1 ,65 | 1 ,70 | 1 ,75 | 1 ,81 | 1 ,87 | 1 ,93 | 2 ,01 | 2 ,08 | 2 ,17 | 2 ,27 | 2 ,37 | 2 ,49 | 2 ,63 |
| 51° | 1",59 | 1",64 | 1",69 | 1",74 | 1",79 | 1",85 | 1",92 | 1",99 | 2",07 | 2",16 | 2",35 | 2",36 | 2",49 |
| 52 | 1 ,53 | 1 ,58 | 1 ,62 | 1 ,67 | 1 ,72 | 1 ,78 | 1 ,84 | 1 ,91 | 1 ,98 | 2 ,06 | 2 ,14 | 2 ,24 | 2 ,35 |
| 53 | 1 ,48 | 1 ,52 | 1 ,56 | 1 ,61 | 1 ,65 | 1 ,71 | 1 ,76 | 1 ,82 | 1 ,89 | 1 ,96 | 2 ,04 | 2 ,13 | 2 ,23 |
| 54 | 1 ,43 | 1 ,46 | 1 ,50 | 1 ,54 | 1 ,59 | 1 ,64 | 1 ,69 | 1 ,74 | 1 ,80 | 1 ,87 | 1 ,94 | 2 ,02 | 2 ,11 |
| 55 | 1 ,37 | 1 ,41 | 1 ,45 | 1 ,48 | 1 ,52 | 1 ,57 | 1 ,62 | 1 ,67 | 1 ,72 | 1 ,78 | 1 ,85 | 1 ,92 | 2 ,00 |

## TABLE II

### donnant l'azimut Zv, en fonction de la latitude et de la variation de l'angle au pôle, pour + 1′ d'augmentation de la latitude.

(Table D auxiliaire de Caillet ; Table 11 de Labrosse ; Table III de Perrin)

*Argument horizontal :* Latitude du navire. — *Argument vertical :* Variation de l'angle au pôle, *exprimée en minutes de degré.*

L'azimut se compte du pôle *élevé* si *p′* est *positive* et du pôle *abaissé* si *p′* est négative.

| p′ | LATITUDE DU NAVIRE | | | | | | | | | |
|---|---|---|---|---|---|---|---|---|---|---|
| | 0° | 10° | 20° | 30° | 35° | 40° | 45° | 50° | 55° | 60° |
| 0′,00 | 90°,0 | 90°,0 | 90°,0 | 90°,0 | 90°,0 | 90°,0 | 90°,0 | 90°,0 | 90°,0 | 90°,0 |
| 0 ,03 | 88 ,3 | 88 ,3 | 88 ,4 | 88 ,5 | 88 ,6 | 88 ,7 | 88 ,8 | 88 ,9 | 89 ,0 | 89 ,1 |
| 0 ,06 | 86 ,6 | 86 ,6 | 86 ,8 | 87 ,0 | 87 ,2 | 87 ,4 | 87 ,6 | 87 ,8 | 88 ,0 | 88 ,3 |
| 0 ,09 | 84 ,8 | 84 ,9 | 85 ,2 | 85 ,5 | 85 ,7 | 86 ,0 | 86 ,4 | 86 ,8 | 87 ,1 | 87 ,4 |
| 0 ,12 | 83 ,2 | 83 ,2 | 83 ,6 | 84 ,1 | 84 ,4 | 84 ,7 | 85 ,1 | 85 ,6 | 86 ,1 | 86 ,6 |
| 0′,15 | 81°,5 | 81°,6 | 82°,0 | 82°,6 | 83°,0 | 83°,4 | 83°,9 | 84°,5 | 85°,1 | 85°,7 |
| 0 ,18 | 79 ,8 | 80 ,0 | 80 ,4 | 81 ,1 | 81 ,6 | 82 ,1 | 82 ,7 | 83 ,4 | 84 ,1 | 84 ,9 |
| 0 ,21 | 78 ,1 | 78 ,3 | 78 ,8 | 79 ,7 | 80 ,2 | 80 ,9 | 81 ,6 | 82 ,3 | 83 ,1 | 84 ,0 |
| 0 ,24 | 76 ,5 | 76 ,7 | 77 ,3 | 78 ,3 | 78 ,9 | 79 ,6 | 80 ,4 | 81 ,2 | 82 ,2 | 83 ,2 |
| 0 ,27 | 74 ,9 | 75 ,1 | 75 ,8 | 76 ,8 | 77 ,5 | 78 ,3 | 79 ,1 | 80 ,1 | 81 ,2 | 82 ,3 |
| 0′,30 | 73°,3 | 73°,5 | 74°,3 | 75°,4 | 76°,2 | 77°,0 | 78°,0 | 79°,1 | 80°,2 | 81°,5 |
| 0 ,34 | 71 ,2 | 71 ,5 | 72 ,3 | 73 ,6 | 74 ,5 | 75 ,4 | 76 ,4 | 77 ,7 | 79 ,0 | 80 ,4 |
| 0 ,38 | 69 ,2 | 69 ,5 | 70 ,3 | 71 ,8 | 72 ,8 | 73 ,8 | 75 ,0 | 76 ,3 | 77 ,7 | 79 ,2 |
| 0 ,42 | 67 ,2 | 67 ,5 | 68 ,5 | 70 ,0 | 71 ,0 | 72 ,2 | 73 ,5 | 74 ,9 | 76 ,4 | 78 ,1 |
| 0 ,46 | 65 ,3 | 65 ,6 | 66 ,6 | 68 ,3 | 69 ,3 | 70 ,6 | 72 ,0 | 73 ,6 | 75 ,2 | 77 ,0 |
| 0′,50 | 63°,4 | 63°,8 | 64°,8 | 66°,6 | 67°,7 | 69°,0 | 70°,5 | 72°,2 | 74°,0 | 76°,0 |
| 0 ,55 | 61 ,2 | 61 ,6 | 62 ,7 | 64 ,6 | 65 ,8 | 67 ,2 | 68 ,8 | 70 ,5 | 72 ,5 | 74 ,6 |
| 0 ,60 | 59 ,0 | 59 ,4 | 60 ,6 | 62 ,5 | 63 ,8 | 65 ,3 | 67 ,0 | 68 ,9 | 71 ,0 | 73 ,3 |
| 0 ,65 | 57 ,0 | 57 ,4 | 58 ,6 | 60 ,6 | 62 ,0 | 63 ,6 | 65 ,3 | 67 ,3 | 69 ,6 | 72 ,0 |
| 0′,70 | 55°,0 | 55°,4 | 56°,7 | 58°,8 | 60°,2 | 61°,8 | 63°,7 | 65°,8 | 68°,1 | 70°,7 |
| 0 ,75 | 53 ,1 | 53 ,6 | 54 ,9 | 57 ,0 | 58 ,5 | 60 ,1 | 62 ,1 | 64 ,3 | 66 ,7 | 69 ,4 |
| 0 ,80 | 51 ,3 | 51 ,8 | 53 ,1 | 55 ,3 | 56 ,8 | 58 ,5 | 60 ,5 | 62 ,8 | 65 ,3 | 68 ,2 |
| 0 ,85 | 49 ,6 | 50 ,1 | 51 ,4 | 53 ,7 | 55 ,2 | 57 ,0 | 59 ,0 | 61 ,4 | 64 ,0 | 67 ,0 |
| 0 ,90 | 48 ,0 | 48 ,5 | 49 ,8 | 52 ,1 | 53 ,6 | 55 ,4 | 57 ,5 | 60 ,0 | 62 ,6 | 65 ,8 |
| 0 ,95 | 46 ,5 | 46 ,9 | 48 ,2 | 50 ,6 | 52 ,1 | 54 ,0 | 56 ,1 | 58 ,6 | 61 ,4 | 64 ,6 |
| 1′,00 | 45°,0 | 45°,4 | 46°,8 | 49°,1 | 50°,7 | 52°,5 | 54°,7 | 57°,3 | 60°,2 | 63°,4 |
| 1 ,05 | 43 ,6 | 44 ,0 | 45 ,4 | 47 ,8 | 49 ,4 | 51 ,2 | 53 ,4 | 56 ,0 | 59 ,0 | 62 ,2 |
| 1 ,10 | 42 ,3 | 42 ,7 | 44 ,1 | 46 ,5 | 48 ,1 | 49 ,9 | 52 ,2 | 54 ,7 | 57 ,8 | 61 ,1 |
| 1 ,15 | 41 ,0 | 41 ,4 | 42 ,8 | 45 ,2 | 46 ,8 | 48 ,6 | 50 ,9 | 53 ,5 | 56 ,6 | 60 ,0 |
| 1 ,20 | 39 ,8 | 40 ,2 | 41 ,6 | 43 ,9 | 45 ,5 | 47 ,4 | 49 ,7 | 52 ,3 | 55 ,4 | 58 ,9 |
| 1 ,25 | 38 ,6 | 39 ,0 | 40 ,4 | 42 ,7 | 44 ,3 | 46 ,2 | 48 ,5 | 51 ,1 | 54 ,2 | 57 ,8 |
| 1 ,30 | 37 ,5 | 37 ,9 | 39 ,2 | 41 ,5 | 43 ,1 | 45 ,0 | 47 ,3 | 49 ,9 | 53 ,0 | 56 ,7 |

# TABLE II (*suite*)

## donnant l'azimut Zv, en fonction de la latitude et de la variation de l'angle au pôle, pour + 1′ d'augmentation de la latitude.

(Table D auxiliaire de Caillet; Table 11 de Labrosse; Table III de Perrin).

*Argument horizontal :* Latitude du navire. — *Argument vertical :* Variation de l'angle au pôle, *exprimée en minutes de degré.*

L'azimut se compte du pôle *élevé* si p′ est *positive* et du pôle *abaissé* si p′ est *négative.*

| p′ | LATITUDE DU NAVIRE | | | | | | | | | |
|---|---|---|---|---|---|---|---|---|---|---|
| | 0° | 10° | 20° | 30° | 35° | 40° | 45° | 50° | 55° | 60° |
| 1′,35 | 36°,5 | 36°,9 | 38°,1 | 40°,4 | 42°,0 | 43°,9 | 46°,1 | 48°,7 | 51°,9 | 55°,6 |
| 1 ,40 | 35 ,5 | 35 ,9 | 37 ,1 | 39 ,4 | 40 ,9 | 42 ,8 | 45 ,0 | 47 ,6 | 50 ,8 | 54 ,6 |
| 1 ,45 | 34 ,6 | 34 ,9 | 36 ,2 | 38 ,4 | 39 ,9 | 41 ,8 | 44 ,0 | 46 ,6 | 49 ,9 | 53 ,7 |
| 1 ,50 | 33 ,7 | 34 ,0 | 35 ,3 | 37 ,5 | 39 ,0 | 40 ,9 | 43 ,1 | 45 ,7 | 49 ,0 | 52 ,8 |
| 1 ,55 | 32 ,8 | 33 ,2 | 34 ,4 | 36 ,6 | 38 ,1 | 40 ,0 | 42 ,3 | 44 ,9 | 48 ,2 | 51 ,9 |
| 1′,60 | 32°,0 | 32°,4 | 33°,5 | 35°,8 | 37°,3 | 39°,2 | 41°,4 | 44°,1 | 47°,4 | 51°,0 |
| 1 ,65 | 31 ,2 | 31 ,6 | 32 ,7 | 35 ,0 | 36 ,5 | 38°,3 | 40 ,5 | 43 ,2 | 46 ,5 | 50 ,2 |
| 1 ,70 | 30 ,4 | 30 ,9 | 32 ,0 | 34 ,2 | 35 ,7 | 37 ,5 | 39 ,7 | 42 ,4 | 45 ,6 | 49 ,3 |
| 1 ,80 | 29 ,0 | 29 ,5 | 30 ,6 | 32 ,7 | 34 ,1 | 35 ,9 | 38 ,1 | 40 ,8 | 44 ,0 | 47 ,7 |
| 1 ,90 | 27 ,7 | 28 ,2 | 29 ,3 | 31 ,3 | 32 ,7 | 34 ,5 | 36 ,7 | 39 ,4 | 42 ,5 | 46 ,2 |
| 2′,00 | 26°,5 | 26°,9 | 28°,0 | 30°,0 | 31°,4 | 33°,1 | 35°,3 | 38°,1 | 41°,1 | 44°,8 |
| 2 ,20 | 24 ,4 | 24 ,8 | 25 ,8 | 27 ,8 | 29 ,1 | 30 ,7 | 32 ,8 | 35 ,6 | 38 ,6 | 42 ,2 |
| 2 ,40 | 22 ,6 | 22 ,9 | 23 ,9 | 25 ,8 | 27 ,0 | 28 ,5 | 30 ,5 | 33 ,1 | 36 ,2 | 39 ,8 |
| 2 ,60 | 21 ,0 | 21 ,3 | 22 ,3 | 23 ,9 | 25 ,2 | 26 ,7 | 28 ,5 | 30 ,9 | 33 ,9 | 37 ,6 |
| 2 ,80 | 19 ,7 | 19 ,9 | 20 ,8 | 22 ,4 | 23 ,6 | 25 ,0 | 26 ,8 | 29 ,1 | 32 ,0 | 35 ,5 |
| 3′,00 | 18°,4 | 18°,7 | 19°,5 | 21°,1 | 22°,1 | 23°,5 | 25°,2 | 27°,4 | 30°,2 | 33°,7 |
| 3 ,25 | 17 ,1 | 17 ,3 | 18 ,1 | 19 ,6 | 20 ,6 | 21 ,8 | 23 ,5 | 25 ,6 | 28 ,1 | 31 ,5 |
| 3 ,50 | 15 ,9 | 16 ,1 | 16 ,9 | 18 ,3 | 19 ,2 | 20 ,4 | 22 ,0 | 24 ,0 | 26 ,3 | 29 ,6 |
| 3 ,75 | 14 ,9 | 15 ,1 | 15 ,8 | 17 ,2 | 18 ,0 | 19 ,2 | 20 ,7 | 22 ,6 | 24 ,7 | 27 ,9 |
| 4′,00 | 14°,0 | 14°,2 | 14°,9 | 16°,1 | 17°,0 | 18°,1 | 19°,5 | 21°,3 | 23°,5 | 26°,5 |
| 4 ,25 | 13 ,2 | 13 ,4 | 14 ,1 | 15 ,2 | 16 ,0 | 17 ,1 | 18 ,5 | 20 ,2 | 22 ,4 | 25 ,2 |
| 4 ,50 | 12 ,5 | 12 ,7 | 13 ,3 | 14 ,4 | 15 ,1 | 16 ,2 | 17 ,5 | 19 ,2 | 21 ,3 | 24 ,0 |
| 5 ,00 | 11 ,3 | 11 ,5 | 12 ,0 | 13 ,1 | 13 ,7 | 14 ,6 | 15 ,8 | 17 ,3 | 19 ,2 | 21 ,8 |
| 5 ,50 | 10 ,3 | 10 ,5 | 10 ,9 | 11 ,9 | 12 ,5 | 13 ,4 | 14 ,5 | 15 ,9 | 17 ,6 | 20 ,0 |
| 6 ,00 | 9 ,4 | 9 ,6 | 10 ,0 | 10 ,9 | 11 ,5 | 12 ,3 | 13 ,4 | 14 ,7 | 16 ,3 | 18 ,4 |
| 7′,00 | 8°,1 | 8°,3 | 8°,7 | 9°,4 | 9°,9 | 10°,6 | 11°,4 | 12°,5 | 14°,0 | 15°,9 |
| 8 ,00 | 7 ,1 | 7 ,2 | 7 ,6 | 8 ,2 | 8 ,6 | 9 ,3 | 10 ,1 | 11 ,0 | 12 ,3 | 14 ,1 |
| 9 ,00 | 6 ,3 | 6 ,4 | 6 ,7 | 7 ,3 | 7 ,7 | 8 ,2 | 9 ,0 | 9 ,8 | 11 ,1 | 12 ,6 |
| 10 ,00 | 5 ,7 | 5 ,8 | 6 ,1 | 6 ,6 | 7 ,0 | 7 ,3 | 8 ,1 | 8 ,9 | 9 ,9 | 11 ,3 |
| 12, 50 | 4 ,6 | 4 ,7 | 5 ,0 | 5 ,4 | 5 ,7 | 6 ,0 | 6 ,6 | 7 ,2 | 8 ,0 | 9 ,4 |
| 15 ,00 | 3 ,8 | 3 ,9 | 4 ,1 | 4 ,4 | 4 ,6 | 4 ,9 | 5 ,4 | 5 ,9 | 6 ,6 | 7 ,9 |
| 20 ,00 | 2 ,8 | 2 ,9 | 3 ,1 | 3 ,3 | 3 ,5 | 3 ,7 | 4 ,1 | 4 ,5 | 5 ,0 | 5 ,7 |

## TABLE III

Correction additive à faire à la hauteur observée du bord inférieur au soleil, Ho ⊙ = Hi ± ε, pour avoir la hauteur vraie du centre, le 8 avril et le 27 septembre.

(Table E auxiliaire de Caillet ou Table I des compléments des Tables de Labrosse.)

| Ho ⊙ | ÉLÉVATION DE L'ŒIL EXPRIMÉE EN MÈTRES | | | | | | | | | | |
|---|---|---|---|---|---|---|---|---|---|---|---|
| | 1m,5 | 2m | 2m,5 | 3m | 3m,5 | 4m | 4m,5 | 5m | 5m,5 | 6m | 6m,5 |
| 15° | 10'23" | 10'03" | 9'45" | 9'29" | 9'14" | 9'00" | 8'48" | 8'35" | 8'23" | 8'12" | 8'02" |
| 16 | 10 36 | 10 16 | 9 58 | 9 42 | 9 27 | 9 13 | 9 01 | 8 48 | 8 36 | 8 25 | 8 15 |
| 17 | 10 49 | 10 29 | 10 11 | 9 55 | 9 40 | 9 26 | 9 14 | 9 01 | 8 49 | 8 38 | 8 28 |
| 18 | 10 59 | 10 39 | 10 21 | 10 05 | 9 50 | 9 36 | 9 24 | 9 11 | 8 59 | 8 48 | 8 38 |
| 19 | 11 09 | 10 49 | 10 31 | 10 15 | 10 00 | 9 46 | 9 34 | 9 21 | 9 09 | 8 58 | 8 48 |
| 20° | 11'18" | 10'58" | 10'40" | 10'24" | 10'09" | 9'55" | 9'43" | 9'30" | 9'18" | 9'07" | 8'57" |
| 22 | 11 34 | 11 14 | 10 56 | 10 40 | 10 25 | 10 11 | 9 59 | 9 46 | 9 34 | 9 23 | 9 13 |
| 24 | 11 47 | 11 27 | 11 09 | 10 53 | 10 38 | 10 24 | 10 12 | 9 59 | 9 47 | 9 36 | 9 26 |
| 26 | 11 58 | 11 38 | 11 20 | 11 04 | 10 49 | 10 35 | 10 23 | 10 10 | 9 58 | 9 47 | 9 37 |
| 28 | 12 08 | 11 48 | 11 30 | 11 14 | 11 00 | 10 45 | 10 33 | 10 20 | 10 08 | 9 57 | 9 47 |
| 30° | 12'18" | 11'56" | 11'39" | 11'22" | 11'08" | 10'53" | 10'41" | 10'28" | 10'16" | 10'05" | 9'55" |
| 32 | 12 26 | 12 04 | 11 47 | 11 30 | 11 16 | 11 01 | 10 49 | 10 36 | 10 24 | 10 13 | 10 03 |
| 34 | 12 33 | 12 11 | 11 54 | 11 37 | 11 23 | 11 08 | 10 56 | 10 43 | 10 31 | 10 20 | 10 10 |
| 36 | 12 39 | 12 17 | 12 00 | 11 43 | 11 29 | 11 14 | 11 02 | 10 49 | 10 37 | 10 26 | 10 16 |
| 38 | 12 45 | 12 23 | 12 06 | 11 49 | 11 35 | 11 20 | 11 08 | 10 55 | 10 43 | 10 32 | 10 22 |
| 40° | 12'50" | 12'28" | 12'11" | 11'54" | 11'40" | 11'25" | 11'13" | 11'00" | 10'48" | 10'37" | 10'27" |
| 42 | 12 54 | 12 32 | 12 15 | 11 58 | 11 44 | 11 29 | 11 17 | 11 04 | 10 52 | 10 41 | 10 31 |
| 44 | 12 59 | 12 37 | 12 20 | 12 03 | 11 49 | 11 34 | 11 22 | 11 09 | 10 57 | 10 46 | 10 36 |
| 46 | 13 01 | 12 39 | 12 22 | 12 05 | 11 51 | 11 36 | 11 24 | 11 11 | 10 59 | 10 48 | 10 38 |
| 48 | 13 05 | 12 43 | 12 26 | 12 09 | 11 55 | 11 40 | 11 28 | 11 15 | 11 03 | 10 52 | 10 42 |
| 50° | 13'08" | 12'46" | 12'29" | 12'12" | 11'58" | 11'43" | 11'31" | 11'18" | 11'06" | 10'55" | 10'45" |
| 55 | 13 16 | 12 54 | 12 37 | 12 20 | 12 06 | 11 51 | 11 39 | 11 26 | 11 14 | 11 03 | 10 53 |
| 60 | 13 22 | 13 00 | 12 43 | 12 26 | 12 12 | 11 57 | 11 45 | 11 32 | 11 20 | 11 09 | 10 59 |
| 65 | 13 28 | 13 06 | 12 49 | 12 32 | 12 18 | 12 03 | 11 51 | 11 38 | 11 26 | 11 15 | 11 05 |
| 70° | 13'34" | 13'12" | 12'55" | 12'38" | 12'24" | 12'09" | 11'57" | 11'44" | 11'32" | 11'21" | 11'11" |
| 75 | 13 38 | 13 16 | 12 59 | 12 42 | 12 28 | 12 13 | 12 01 | 11 48 | 11 36 | 11 25 | 11 15 |
| 80 | 13 43 | 13 21 | 13 04 | 12 47 | 12 33 | 12 18 | 12 06 | 11 53 | 11 41 | 11 30 | 11 20 |
| 85 | 13 47 | 13 25 | 13 08 | 12 51 | 12 37 | 12 22 | 12 10 | 11 57 | 11 45 | 11 34 | 11 24 |
| 90 | 13 52 | 13 30 | 13 13 | 12 56 | 12 42 | 12 27 | 12 15 | 12 02 | 11 50 | 11 39 | 11 29 |

| 7m | 7m,5 | 8m | 8m,5 | 9 | 9m,5 | 10m | 10m,5 | 11m | 11m,5 | 12m | Ho ⊙ |
|---|---|---|---|---|---|---|---|---|---|---|---|
| 7'52" | 7'42" | 7'32" | 7'23" | 7'14" | 7'05" | 6'57" | 6'48" | 6'40" | 6'32" | 6'25" | 15° |
| 8 05 | 7 55 | 7 45 | 7 36 | 7 27 | 7 18 | 7 10 | 7 01 | 6 53 | 6 45 | 6 38 | 16 |
| 8 18 | 8 08 | 7 58 | 7 49 | 7 40 | 7 31 | 7 23 | 7 14 | 7 06 | 6 58 | 6 51 | 17 |
| 8 28 | 8 18 | 8 08 | 7 59 | 7 50 | 7 41 | 7 33 | 7 24 | 7 16 | 7 08 | 7 01 | 18 |
| 8 38 | 8 28 | 8 18 | 8 09 | 8 00 | 7 51 | 7 43 | 7 34 | 7 26 | 7 18 | 7 11 | 19 |
| 8'47" | 8'37" | 8'27" | 8'18" | 8'09" | 8'00" | 7'52" | 7'43" | 7'35" | 7'27" | 7'20" | 20° |
| 9 03 | 8 53 | 8 43 | 8 34 | 8 25 | 8 16 | 8 08 | 7 59 | 7 51 | 7 43 | 7 36 | 22 |
| 9 16 | 9 06 | 8 56 | 8 47 | 8 38 | 8 29 | 8 21 | 8 12 | 8 04 | 7 56 | 7 49 | 24 |
| 9 27 | 9 17 | 9 07 | 8 58 | 8 49 | 8 40 | 8 32 | 8 23 | 8 15 | 8 07 | 8 00 | 26 |
| 9 37 | 9 27 | 9 17 | 9 08 | 8 59 | 8 50 | 8 41 | 8 32 | 8 24 | 8 16 | 8 09 | 28 |
| 9'46" | 9'36" | 9'26" | 9'16" | 9'07" | 8'58" | 8'50" | 8'41" | 8'33" | 8'25" | 8'18" | 30° |
| 9 53 | 9 43 | 9 33 | 9 24 | 9 15 | 9 06 | 8 57 | 8 48 | 8 40 | 8 32 | 8 25 | 32 |
| 10 00 | 9 50 | 9 40 | 9 31 | 9 22 | 9 13 | 9 04 | 8 55 | 8 47 | 8 39 | 8 32 | 34 |
| 10 06 | 9 56 | 9 46 | 9 37 | 9 28 | 9 19 | 9 10 | 9 01 | 8 53 | 8 45 | 8 38 | 36 |
| 10 12 | 10 02 | 9 52 | 9 43 | 9 34 | 9 25 | 9 15 | 9 06 | 8 58 | 8 50 | 8 43 | 38 |
| 10'16" | 10'06" | 9'57" | 9'48" | 9'39" | 9'30" | 9'20" | 9'11" | 9'03" | 8'55" | 8'48" | 40° |
| 10 21 | 10 11 | 10 01 | 9 52 | 9 43 | 9 34 | 9 25 | 9 16 | 9 08 | 9 00 | 8 53 | 42 |
| 10 26 | 10 16 | 10 06 | 9 57 | 9 48 | 9 39 | 9 29 | 9 20 | 9 12 | 9 04 | 8 57 | 44 |
| 10 28 | 10 18 | 10 08 | 9 59 | 9 50 | 9 41 | 9 33 | 9 24 | 9 16 | 9 08 | 9 01 | 46 |
| 10 32 | 10 22 | 10 12 | 10 03 | 9 54 | 9 45 | 9 36 | 9 27 | 9 19 | 9 11 | 9 04 | 48 |
| 10'35" | 10'25" | 10'15" | 10'06" | 9'57" | 9'48" | 9'40" | 9'31" | 9'23" | 9'15" | 9'08" | 50 |
| 10 43 | 10 33 | 10 23 | 10 14 | 10 05 | 9 56 | 9 48 | 9 39 | 9 31 | 9 23 | 9 16 | 55 |
| 10 49 | 10 39 | 10 29 | 10 20 | 10 11 | 10 02 | 9 55 | 9 46 | 9 38 | 9 30 | 9 23 | 60 |
| 10 55 | 10 45 | 10 35 | 10 26 | 10 18 | 10 09 | 10 00 | 9 51 | 9 43 | 9 35 | 9 28 | 65 |
| 11'01" | 10'51" | 10'41" | 10'32" | 10'23" | 10'14" | 10'06" | 9'57" | 9'49" | 9'41" | 9'34" | 70 |
| 11 06 | 10 56 | 10 45 | 10 36 | 10 27 | 10 18 | 10 11 | 10 02 | 9 54 | 9 46 | 9 39 | 75 |
| 11 10 | 11 00 | 10 51 | 10 42 | 10 32 | 10 23 | 10 15 | 10 06 | 9 58 | 9 50 | 9 43 | 80 |
| 11 14 | 11 04 | 10 54 | 10 45 | 10 36 | 10 27 | 10 20 | 10 11 | 10 03 | 9 55 | 9 48 | 85 |
| 11 19 | 11 09 | 10 59 | 10 50 | 10 41 | 10 32 | 10 24 | 10 15 | 10 07 | 9 59 | 9 52 | 90 |

**ANNEXE** donnant la correction à faire au nombre lu dans la Table III, pour les différentes époques.

| 1er Janv. | 15 Janv. | 1er Fév. | 15 Fév. | 1er Mars | 15 Mars | 1er Avril | 15 Avril | 1er Mai | 15 Mai | 1er Juin | 15 Juin |
|---|---|---|---|---|---|---|---|---|---|---|---|
| + 18" | + 18" | + 16" | + 13" | + 10" | + 7" | + 2" | − 2" | − 6" | − 9" | − 13" | − 15" |

| 1er Juill. | 15 Juill. | 1er Août | 15 Août | 1er Sept. | 15 Sept. | 1er Oct. | 15 Oct. | 1er Nov. | 15 Nov. | 1er Déc. | 15 Déc. |
|---|---|---|---|---|---|---|---|---|---|---|---|
| − 14" | − 14" | − 12" | − 10" | − 6" | − 3" | + 1" | + 5" | + 10" | + 13" | + 16" | + 17" |

Pour corriger une hauteur du bord *supérieur* du soleil, appliquer la formule : Hv ⊖ = Ho ⊙ + Table III − 32' + Corr. Annexe *en signe contraire*.

Pour corriger une hauteur d'étoile, appliquer la formule : Hv ☆ = Ho ☆ + Table III − 16'08".

# PLANISPHÈRE CÉLESTE

## Hémisphère Nord

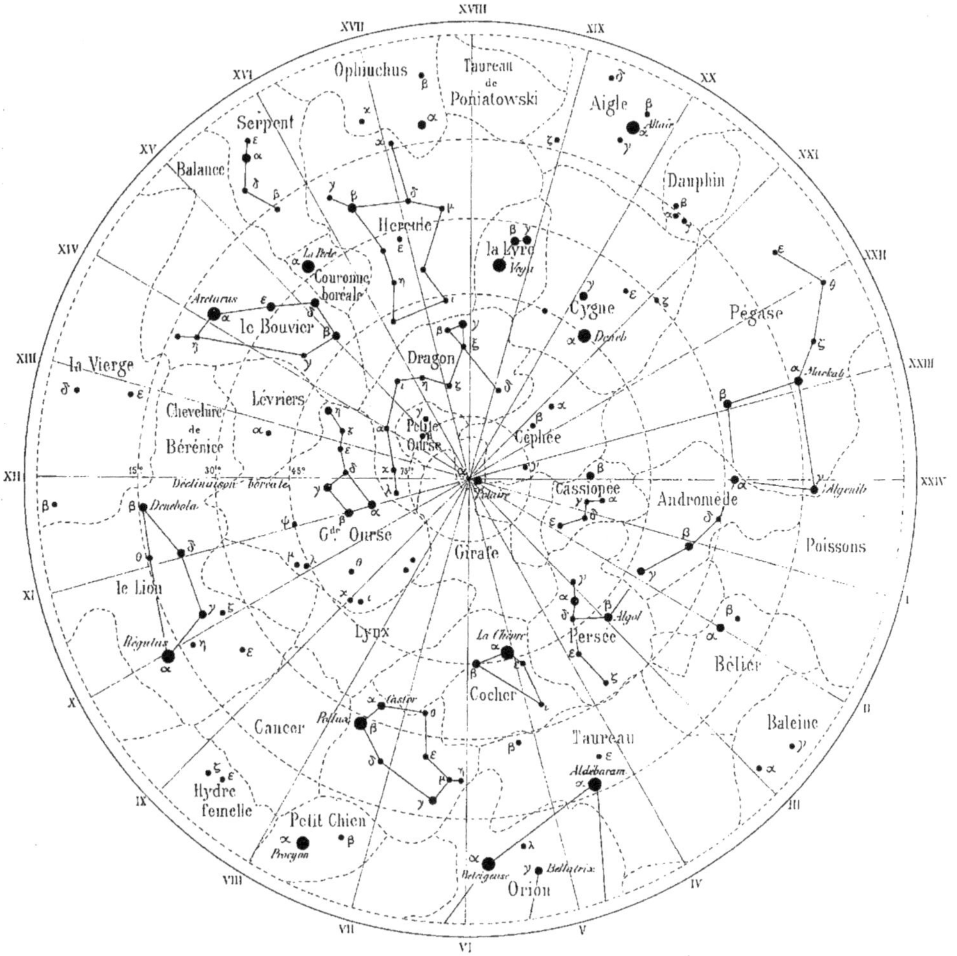


1ère Grandeur

2ème Grandeur

3ème Grandeur

# PLANISPHÈRE CÉLESTE

## Hémisphère Sud

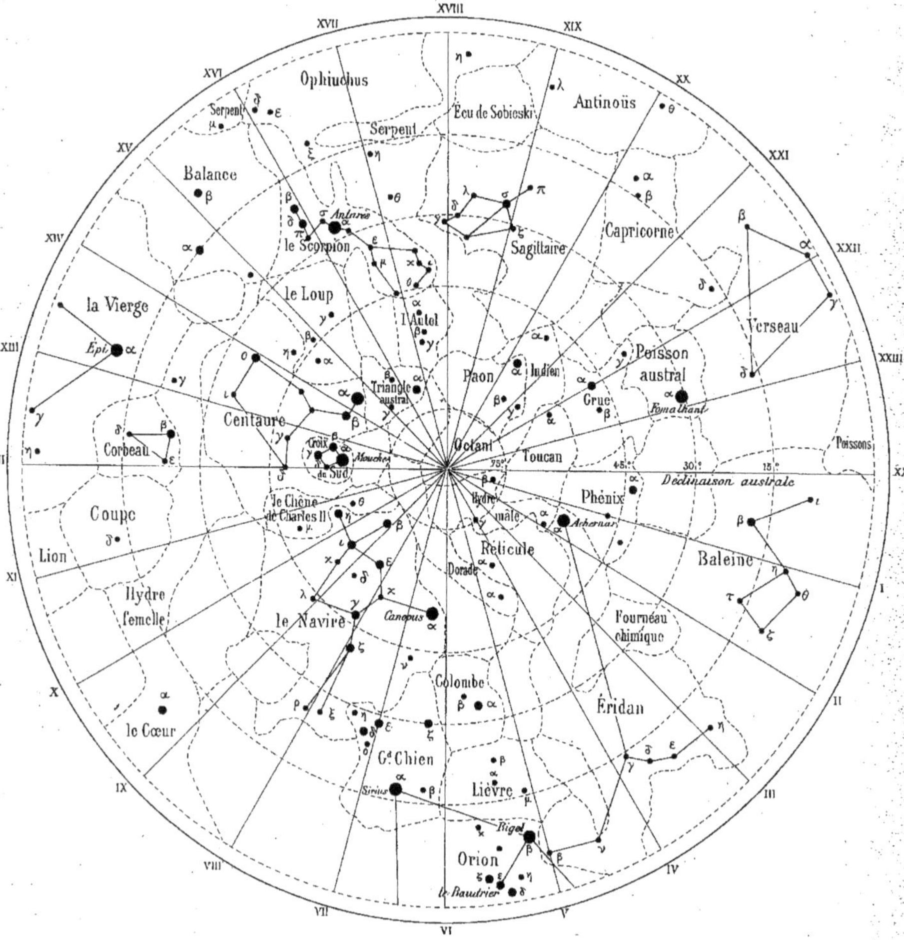


● 1re Grandeur

● 2ème Grandeur

• 3ème Grandeur

# TABLE DES CALCULS NAUTIQUES



Nancy, Imp. Berger-Levrault et Cie.

www.ingramcontent.com/pod-product-compliance
Lightning Source LLC
Chambersburg PA
CBHW071914200326
41519CB00016B/4615